U0175230

虾青素的开发与利用研究

熊华斌　著

科 学 出 版 社

北 京

内 容 简 介

虾青素是自然界发现的已知最强的抗氧化剂，在多个领域引起了人们的关注。本书在对虾青素的来源和结构分析的基础上，对其功能、规模化培养、提取工艺和质量控制等方面进行阐述，并结合虾青素的利用现状对虾青素的开发和应用前景进行分析，为读者从科学的角度认识虾青素的来源和功能提供参考，也为科研人员和企业进一步开发虾青素潜在的应用价值提供一个平台，使虾青素能更好地保障人们的生活、健康和社会经济发展。

本书适于生物科学、生物技术、制药工程、化学、食品科学与工程专业的师生、科研人员、企业管理者和健康咨询人士阅读。

图书在版编目（CIP）数据

虾青素的开发与利用研究/熊华斌著. —北京：科学出版社，2021.3
（2022.03 重印）
　ISBN 978-7-03-067856-0

　Ⅰ. ①虾… Ⅱ. ①熊… Ⅲ. ①虾青素－研究 Ⅳ. ①Q586

中国版本图书馆 CIP 数据核字（2020）第 268791 号

责任编辑：郑述方 / 责任校对：杨　赛
责任印制：罗　科 / 封面设计：墨创文化

科 学 出 版 社 出版
北京东黄城根北街 16 号
邮政编码：100717
http://www.sciencep.com
成都锦瑞印刷有限责任公司 印刷
科学出版社发行　各地新华书店经销
*
2021 年 3 月第 一 版　开本：B5（720 × 1000）
2022 年 3 月第二次印刷　印张：10
字数：201 000
定价：98.00 元
（如有印装质量问题，我社负责调换）

前　言

　　在一个化学反应中，或在外界光、热、辐射等影响下，分子中共价键断裂，若分裂的结果使共用电子对被一方独占，则形成离子；若使共用电子对分属于两个原子（或基团），则形成自由基。因为存在未成对电子，自由基和自由原子非常活泼，在许多反应中多以中间体的形式存在，存留时间很短。生命是离不开自由基活动的，我们的身体每时每刻都在运动，每一瞬间都在燃烧着能量，而负责传递能量的搬运工就是自由基。当这些帮助能量转换的自由基被封闭在细胞中时，它们对生命是有益的，如杀灭细菌和寄生虫，参与免疫、信号传导过程和排除毒素等。但如果自由基超过一定的量，其活动就会失去控制，攻击细胞膜和争夺蛋白细胞上的电子，很容易与其他物质发生化学反应，生命的正常生理活动就会被打乱，引起多种疾病的发生。

　　生命体内的自由基是与生俱来的，生命本身就具有平衡自由基或清除多余自由基的能力。然而，化学制剂的大量使用、汽车尾气和工业生产废气的增加、吸烟、空气污染、水污染、放射性 X 射线、紫外线、杀虫剂、生活压力大、运动过度等，这些都会导致自由基的产生，骤然增加的自由基如果超过了人体所能正常保持平衡的标准，人类健康将会面临严峻挑战。抗氧化物质是任何以低浓度存在就能有效抑制自由基氧化反应的物质，其作用机理是直接作用于自由基，或是间接消耗掉容易生成自由基的物质，防止发生进一步反应。人体在不可避免地产生自由基的同时，也在自然产生着抵抗自由基的抗氧化物质，以避免自由基对人体细胞的氧化攻击。研究证明，人体的抗氧化系统是一个可与免疫系统相比拟的、具有完善和复杂功能的系统，机体抗氧化的能力越强，就越健康，生命也越长。

　　人体的抗氧化物质有自身合成的，也有由食物供给的。其中能在自然饮食中找到的维生素 C、维生素 E 和 β-胡萝卜素被称为三大抗氧化物质。当前，已发现的自然界中抗氧化能力最强的物质是虾青素，它是一种类胡萝卜素。在自然界中，虾青素是由藻类、细菌和浮游植物产生的。某些鱼类和虾类以及螃蟹通过以这些藻类和浮游生物为食，就会把这种色素储存在磷片或甲壳中，所以它们的表面就会呈现红色。虾青素的抗氧化能力是维生素 C 的 6000 倍，是维生素 E 的 1000 倍，是 β-胡萝卜素的 100 倍，其抗氧化机理在于虾青素可以利用自身结构的特性来稳定自由基多余的电子，防止对细胞造成不利的影响。为此，本书从虾青素的来源、结构、功能、提取和产业发展现状等方面对其进行了综述，旨在为虾青素的未来研究、开发和应用提供一定的参考和支持，也为更多的研究者和读者从科学、全面的角度认识虾青素提供一个学习的平台。

但是，由于编者水平有限，书中难免存在疏漏，恳请读者批评指正。本书对一些研究者所做的工作进行了引用和探讨，也请对不妥和遗漏之处给予指正。

熊华斌

2021 年 1 月 4 日

目　　录

第一章　虾青素在国内外市场的发展

第一节　虾青素简介

虾青素（astaxanthin，AXT），又名虾黄素、龙虾壳色素，呈深粉红色，是一种类胡萝卜素，化学结构类似于 β-胡萝卜素，为萜烯类不饱和化合物，化学分子式为 $C_{40}H_{52}O_4$，分子量为 596.86。分子结构中有两个 β-紫罗兰酮环，11 个共轭双键。由于两端的羟基（—OH）具有旋光性，虾青素共有 $(3S, 3'S)$、$(3R, 3'S)$、$(3R, 3'R)$（分别称为左旋、内消旋、右旋）3 种异构形态。虾青素广泛存在于自然界，特别是虾、蟹、鱼、藻体、酵母和鸟类的羽毛中含量较高，是海洋生物体内主要的类胡萝卜素之一。而且，由于虾青素是类胡萝卜素合成的最高级别产物，而 β-胡萝卜素、叶黄素、角黄素、番茄红素等是类胡萝卜素合成的中间产物，因此在自然界中虾青素具有最强的抗氧化性。但是，目前人工合成的虾青素在构型上为 3 种结构虾青素的混合物（左旋约占 25%，右旋约占 25%，内消旋约占 50%），抗氧化活性较低，与鲑鱼等养殖生物体内的虾青素［以 $(3S, 3'S)$ 型为主］截然不同。酵母菌源的虾青素是 100%右旋 $(3R, 3'R)$，也只有部分抗氧化活性。因此，上述两种来源的虾青素主要是鲑鱼、鳟鱼和虾饲料中的色素来源和作为红色脂溶性色素进行添加使用。雨生红球藻是一种绿色微藻，在高盐度、缺氮、高温、光照等胁迫条件下可积累较高含量的虾青素，其所含虾青素为 100%左旋 $(3S, 3'S)$ 结构，具有多种生理功效，是人类食用虾青素的主要来源。

虾青素的摄入可以预防或降低人类和动物各种疾病的风险，对人体健康营养的影响已被许多研究所证明，如在抗氧化活性、预防癌症、增强免疫力、改善视力等方面都有一定的效果。美国食品药物监督管理局（FDA）已经批准将虾青素作为食用色素用于动物和鱼类饲料。欧盟委员会认为天然虾青素是一种食用染料。我国国家卫生和计划生育委员会（现为国家卫生健康委员会）于 2010 年批准了雨生红球藻作为新资源食品（2010 年 第 17 号），并对生产工艺、食用量和质量做了详细的要求（图 1-1）。

一、生物利用度和吸收途径

1. 生物利用度

大多数的胡萝卜素可溶于食物基质的油相，以脂质为基础的制剂可提高脂溶

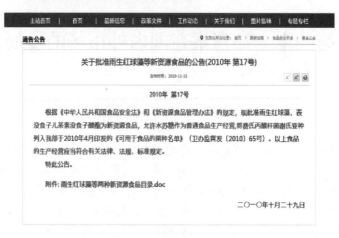

附件

雨生红球藻

中文名称	雨生红球藻	
拉丁名称	*Haematococcus pluvialis*	
基本信息	种属:绿藻门、团藻目、红球藻属	
生产工艺简述	选育优良雨生红球藻藻种进行人工养殖,采收雨生红球藻孢子,经破壁、干燥等工艺制成	
食用量	≤0.8克/天	
质量要求	性状	红色或深红色粉末
	蛋白质含量	≥15%
	总虾青素含量（以全反式虾青素计）	≥1.5%
	全反式虾青素含量	≥0.8%
	水分	≤10%
	灰分	≤15%
其他需要说明的情况	使用范围不包括婴幼儿食品	

图 1-1　雨生红球藻作为新资源食品的公告

性化合物虾青素在人体中的生物利用度。虾青素与鱼油联合使用同虾青素和鱼油单独使用相比,有降低血浆中血脂和胆固醇的作用,可增加活化中性粒细胞的吞噬活性,使抗氧化酶如超氧化物歧化酶（SOD）、过氧化氢酶（CAT）、谷胱甘肽过氧化物酶（GPx）活性增加。虾青素等亲脂性化合物在排泄前通常进行代谢转化,虾青素的代谢产物已在大鼠血浆和肝脏中检测到。通过食用含有虾青素的雨生红球藻,在人体内也发现虾青素的积累,现已明确,在人血浆中虾青素的生物利用度单次剂量可达 100 mg。

目前，由于大规模生产的成本效益，95%的虾青素是化学合成的。然而，虾青素在人类健康领域越来越受欢迎，推动了对更高质量虾青素产品的需求。目前，合成虾青素与天然虾青素的可比性存在争议，合成虾青素供人食用可能存在安全问题。天然的虾青素是由藻类、酵母和甲壳类副产物产生的，而且以单酯/二酯或胡萝卜素蛋白/胡萝卜素脂蛋白的形式与蛋白质/脂蛋白结合。此外，合成的虾青素通常是以未酯化单体形式生产的。这两种形式不同的立体异构体会影响稳定性，从而影响抗氧化功能。而天然虾青素主要是（3S, 3'S）同分异构体，合成虾青素由不同的异构体组成，包括（3S, 3'S）、（3R, 3'S）和（3R, 3'R），它们的比值为1∶2∶1。天然和人工合成的虾青素的有效性已经受到越来越多的关注，目前正处于争论之中。有证据表明，天然虾青素的氧自由基吸收能力（ORAC）约为合成虾青素的3倍。最近，将不同异构体的抗氧化效率通过秀丽隐杆线虫（*Caenorhabditis elegans*）进行比较，发现（3S, 3'S）虾青素异构体使活性氧（ROS）含量减少最多，使SOD3基因表达增加，说明天然虾青素可能是一种比合成虾青素更有效的抗氧化剂。比较天然雨生红球藻虾青素与人工合成的人内皮细胞虾青素的抗氧化活性，发现在Trolox（维生素E类似物，一种强抗氧化剂）等效抗氧化能力（TEAC）、对氧自由基的抗氧化能力、活性氧清除活性测定中，天然虾青素的总抗氧化能力明显高于合成虾青素。也有报道（Grimmig et al.，2017）发现天然虾青素的抗氧化能力明显强于合成虾青素，且合成虾青素的用量需要高出20～30倍才能获得相似的抗氧化能力水平。天然虾青素与合成虾青素的差异可能是天然虾青素与合成虾青素的立体异构体组成不同造成的。然而重要的是，微生物积累虾青素的同时还产生其他类胡萝卜素，包括β-胡萝卜素、角黄素和叶黄素，尽管产量上要低得多。从天然来源提取的虾青素提取物可能含有少量其他生物活性的化合物，而合成虾青素则不含有其他化合物。很难确定其他微量的类胡萝卜素在这些研究中是否起作用；然而，在如此低的浓度下，它们不太可能做出重大贡献。由此表明，天然虾青素的生物活性可能明显优于合成虾青素。越来越多的关注集中在高质量的虾青素补充剂对健康的有益性方面，这两种来源的虾青素在疗效上的明显差异，是将这种化合物用于治疗疾病的医学应用或辅助治疗的一个重要考虑因素。然而，为了更好地表征天然和合成虾青素的质量与安全性，还需要进行更全面的研究。

2. 吸收途径

类胡萝卜素的吸收依赖于搭配的饮食成分，高胆固醇饮食可能增加脂溶性类胡萝卜素的吸收，而低脂肪饮食则可能减少其吸收。虾青素进入体内后与胆汁酸混合，在肠内形成小颗粒，这些颗粒物可被肠黏膜细胞部分吸收。肠黏膜细胞与虾青素结合形成乳糜微粒，这些微粒随循环系统被释放进入淋巴中，并被脂蛋白脂肪酶消化，形成的脂蛋白被运输到相应的组织中，而乳糜微粒的残渣被肝脏和其他组织迅速清除。

二、虾青素的作用

1. 抗氧化效果

氧化损伤是由自由基和活性氧发生反应引起的。抗氧化剂是一种可以抑制氧化的分子，这些分子具有很高的反应活性，是由生物体正常的有氧代谢产生的。过量的氧化分子可能通过连锁反应与蛋白质、脂质和 DNA 发生反应，导致与各种疾病相关的蛋白质和脂质氧化以及 DNA 损伤。这种类型的氧化分子可以被内源性和外源性抗氧化剂如类胡萝卜素抑制。类胡萝卜素含有多烯链，共轭双键长链通过猝灭单线态氧和清除自由基来终止链反应，从而进行抗氧化活动。类胡萝卜素的生物学益处可能是由于它们的抗氧化特性，这归功于它们与细胞膜的物理和化学相互作用，虾青素抗氧化活性要高于番茄红素、α-胡萝卜素、β-胡萝卜素和叶黄素等。用含虾青素的饲料喂养大鼠后，在血浆和肝脏中发现过氧化氢酶、超氧化物歧化酶、过氧化物酶和硫代巴比妥酸活性物质的含量升高，雨生红球藻中的虾青素保护了大鼠免受自由基的影响。虾青素具有独特的分子结构，在每个离子环上都存在羟基和酮基，这导致了较高的抗氧化性能。类胡萝卜素中的羰基官能团具有较高的抗氧化活性，且无促氧化作用。虾青素的多烯链可在细胞膜上捕获自由基，而虾青素的终端环可以清除在细胞膜外层和内部的部分自由基。通过对血清的抗氧化酶活性进行评估，虾青素在氧化诱导损伤兔子的饮食补充中显示增强超氧化物歧化酶和硫氧还蛋白还原酶活性，而对氧磷酶则被抑制。当虾青素喂食乙醇诱导的胃溃疡大鼠时，其抗氧化酶水平升高（Kamath et al.，2008）。

2. 抗脂质过氧化反应

虾青素具有独特的分子结构，使其既能存在于细胞膜内外，又能比 β-胡萝卜素和维生素 C 更好地保护脂质双分子层。它可以通过各种机制防止氧化损伤，如单线态氧（$^1O_2$）的猝灭、清除自由基以防止连锁反应、通过抑制脂质过氧化来保护膜结构、增强免疫系统功能、调节基因表达（Chou et al.，2020）。虾青素及其酯类在乙醇诱导的胃溃疡大鼠和皮肤癌大鼠中具有 80% 的抗脂质过氧化活性。虾青素能抑制多种生物样品中的脂质过氧化反应。

3. 抗炎

虾青素是一种有效的抗氧化剂，可以终止生物系统中的炎症反应。雨生红球藻中的提取物虾青素显著降低了小鼠感染的细菌载量，缓解了胃炎症。Park 等（2010）

报道虾青素可减少 DNA 氧化损伤的炎症生物标志物，从而增强青少年和成年健康女性人体免疫应答。Haines 等（2011）报道喂食虾青素与银杏叶提取物和维生素 C 后，肺组织中支气管肺泡灌洗液炎性细胞数量减少了且肺组织的环鸟苷酸（cGMP）水平增高了。另一项研究显示，对于乙醇诱导的胃溃疡大鼠，添加的虾青素含量与胃保护存在显著的剂量依赖相关性。这可能是由于 H1 和 K1 ATP 酶抑制、黏蛋白含量上调和抗氧化活性增加（Kamath et al.，2008）。虾青素对近端肾小管上皮细胞高糖诱导的氧化应激、炎症和凋亡也具有防御作用。日本研究人员报道虾青素还是治疗眼部炎症的一种很有前途的分子（Ohgami et al.，2003；Suzuki et al.，2006）。虾青素可以防止皮肤增厚和胶原蛋白减少，抵抗紫外线引起的皮肤损伤。

4. 治疗糖尿病

通常，由于胰腺 B 细胞和组织损伤患者的功能障碍，糖尿病患者由高血糖引起的氧化应激水平很高。虾青素也可以减少胰腺 B 细胞氧化应激引起的高血糖和改善血糖与血清胰岛素水平。虾青素可以保护胰腺 B 细胞免受葡萄糖的毒性。在糖尿病大鼠淋巴细胞功能障碍的恢复中，它也被证明是一种很好的免疫制剂。在另一项研究中发现，虾青素与维生素 E 的结合可改善链脲佐菌素糖尿病老鼠的氧化应激水平。它还可以通过阻止脂质/蛋白质氧化来抑制糖基化和糖化蛋白诱导的人脐静脉内皮细胞的细胞毒性。在喂食虾青素后观察到，自发性高血压大鼠和高脂肪高果糖饮食的小鼠胰岛素敏感性均有所改善。虾青素治疗的糖尿病小鼠尿白蛋白水平明显低于对照组。一些研究表明，虾青素通过减少氧化应激和肾细胞损伤来预防糖尿病、肾病（Emiko et al.，2008；Kim et al.，2009）。

5. 心血管疾病的预防

虾青素是一种有效的抗氧化剂，具有抗炎作用，在动物试验和人类试验中都得到了验证。氧化应激和炎症是动脉硬化性心血管疾病的病理生理特征。虾青素是一种潜在的抗动脉硬化性心血管疾病的药物。二琥珀酸虾青素（DDA）在动物心肌缺血再灌注模型中显示出保护作用，Sprague Dawley 大鼠心肌梗死面积减小，家兔经 4 d 的 DDA 预处理（每日剂量按体重计，分别为 25 mg/kg、50 mg/kg、75 mg/kg）后心肌恢复情况改善。DDA 预处理 7 d（每日剂量按体重计，分别为 150 mg/kg 和 500 mg/kg），在大鼠心肌组织中发现虾青素。在虾青素对自发性高血压大鼠（SHR）、正常血压 Wistar Kyoto 大鼠（NWKR）和易卒中自发性高血压大鼠（SPSHR）血压的影响研究中，虾青素衍生物喂养的小鼠血浆、心脏、肝脏、血小板和基底动脉血流均出现增加。虾青素处理后的人脐静脉内皮细胞和血小板一氧化氮水平升高，过氧亚硝酸盐水平下降。0.08%虾青素喂养的小鼠心脏线粒体膜电位和收缩指数高于对照组。虾青素对高胆固醇血症家兔的过氧化氢酶与硫氧还蛋白还原酶活性、氧化应激参数和脂类质谱的影响研究发现，虾青素剂量为 100 mg/100g 和 500 mg/100g 时抑制了这些酶在高胆固醇血症诱导的蛋白氧化中的活性（Ambati et al.，2014）。

6. 抗癌活性

特定剂量的抗氧化剂可能有助于早期发现各种退行性疾病。在正常的有氧代谢过程中会产生活性氧，如超氧化物、过氧化氢和羟基自由基。单线态氧由光化学反应生成，过氧化氢自由基由脂质过氧化生成。这些氧化剂通过 DNA、蛋白质和脂质的氧化导致衰老和退行性疾病，如癌症和动脉硬化。抗氧化化合物通过抑制细胞氧化损伤而减少突变和致癌作用。在人类肿瘤中，通过间隙连接进行细胞间的沟通是缺乏的，其恢复往往会减少肿瘤细胞的增殖。通过上调连接蛋白 43 基因，间隙连接通信随连接蛋白 43 的增加而产生。类胡萝卜素和类维生素 A 改善了细胞间的间隙连接通信。

角黄素和虾青素衍生物能增强小鼠胚胎成纤维细胞之间的间隙连接通信。有报道显示，虾青素表现出相比其他类胡萝卜素显著的抗肿瘤活性，如角黄素和 β-胡萝卜素。它还抑制纤维肉瘤、乳腺癌、前列腺癌细胞和胚胎成纤维细胞的生长。虾青素处理后，观察到原发性人皮肤成纤维细胞间隙连接细胞间通信增加。虾青素能抑制化学诱导的雄性/雌性大鼠和小鼠的细胞死亡、细胞增殖和乳腺肿瘤。雨生红球藻提取物通过抑制细胞周期进程和促进细胞凋亡来抑制人类结肠癌细胞的生长。在小鼠模型中对 15-硝化虾青素的抗癌性能进行评价，硝化虾青素和 15-硝化虾青素是虾青素与过氧化亚硝酸盐的产物，虾青素治疗小鼠皮肤乳头状瘤，可明显抑制 Epstein-Barr 病毒及其致癌作用（Takashi et al.，2012）。

7. 免疫调节

免疫系统细胞对自由基损伤非常敏感。细胞膜含有多不饱和脂肪酸（PUFA）。抗氧化剂，特别是虾青素，可提供保护以防止自由基损害，保持免疫系统的防御。关于虾青素及其在实验室条件下对动物免疫的影响已有报道，但缺乏在人体中的临床研究。有研究显示，在免疫调节小鼠模型中，虾青素的影响要高于 β-胡萝卜素。当饲粮中添加虾青素后，老年动物的抗体生成增加，体液免疫应答降低。在实验室研究中，虾青素使人体细胞中产生免疫球蛋白。人体补充虾青素 8 周，可以提高虾青素的血液水平，提高自然杀伤细胞（NK 细胞）的活性，从而靶向和摧毁被病毒感染的细胞。补充虾青素时，T 细胞、B 细胞增多，DNA 损伤降低，C 反应蛋白（CRP）显著降低。

作为一种极有前景的天然添加剂，虾青素对动物及人类的安全性备受关注。许多学者在这方面进行了研究，迄今还没有发现虾青素的毒副作用。通过饮用的方式使三组受试人群每天分别摄入 3.6 mg、7.2 mg 和 14.4 mg 虾青素，服用时间持续两周，未发现不良反应和毒副作用，而受试者血清低密度脂蛋白胆固醇（LDLC）氧化程度随虾青素剂量增加而逐渐下降，说明虾青素可以保护 LDLC 免受氧化。Lignell 等研究表明，虾青素可以增强哺乳动物肌肉的力量或耐力，没有发现副作用。美国 Aquasearch 公司做过系统的人体安全性试验，在 29 d 的试验期内，3 名健康成人分高（19.25 mg）、低（3.85 mg）两个剂量组服用雨生红球藻粉来补充虾青素，对受试者的体重、皮肤颜色、血压、近距离和远距离视力、理解力、眼睛健康状况，耳、鼻、喉、口、齿、胸、肺和反射反应，以及全面的血液和尿样分析结果表明，口服富含天然虾青素的雨生红球藻粉对人体无任何致病效应或毒副作用。该公司的产品已经被美国 FDA 批准作为膳食商品上市（Ambati et al.，2014）。

　　美国 FDA 和欧盟已允许天然虾青素作为人的膳食添加成分进入市场销售。在日本，雨生红球藻粉已经被批准作为天然食品色素和鱼饲料色素。美国 FDA 和加拿大食品检验局在 2000 年已批准雨生红球藻作为鳟鱼饲料色素添加剂使用，添加量可以达到 80 mg/kg。目前，美国、加拿大、日本和欧盟等国家和地区的许多生物技术公司致力于研究开发生产这类产品，但还远远不能满足市场需求。在绿色食品的冲击下，化学合成色素的使用不受消费者欢迎，而且还受到一些国家法规限制。因此，天然虾青素产品的研究开发对于生产高档水产品和禽蛋具有十分重要的意义（崔宝霞，2008）。

第二节　虾青素产业发展现状

　　虾青素在食品、饲料、保健品、医药等方面有很大的需求，这促进了人们从生物来源而不是合成来源努力提高虾青素的产量。根据目前的文献，虾青素在市场上的各种商业产品中都有应用。市场上的虾青素产品有胶囊、软性凝胶、片剂、粉剂、生物质、奶油、能量饮料、油脂、提取物等。部分虾青素产品是由其他类胡萝卜素、多种维生素、草本提取物和 ω-3、ω-6 脂肪酸组合而成。在虾青素预防细菌感染、炎症、血管衰竭、癌症、心血管疾病，抑制脂质过氧化，减少细胞损伤和脂肪，并改善大脑功能和皮肤厚度等方面已有多项专利申请（表 1-1 和表 1-2）。

表 1-1　近年国外申请的虾青素专利（部分）

专利号	专利名称	研究目的或对象
US20060217445	Natural astaxanthin extract reduces DNA oxidation 天然虾青素提取物抑制 DNA 氧化	Reduce endogenous oxidative damage 减少内源性氧化损害

续表

专利号	专利名称	研究目的或对象
US20070293568	Neurocyte protective agent 神经细胞保护剂	Neuroprotection 神经保护
US20080234521	Crystal forms of astaxanthin 虾青素晶形	Nutritional dosage 营养剂量
US20080293679	Use of carotenoids and carotenoid derivatives analogs for reduction/inhibition of certain negative effects of COX inhibitors 类胡萝卜素和相似来源类胡萝卜素对 COX 抑制剂某些负效应的削弱或抑制作用	Inhibit of lipid peroxidation 抑制脂质过氧化
US20090047304	Composition for body fat reduction 降体脂的化合物	Inhibits body fat 降脂
US20090069417	Carotenoid oxidation products as chemopreventive and chemotherapeutic agents 类胡萝卜素氧化产物作为化学预防和化学治疗剂	Cancer prevention 癌症预防
US20090136469	Formulation for oral administration with beneficial effects on the cardiovascular system 对心血管系统有益的口服配方	Cardiovascular protection 心血管保护
US20090142431	Algal and algal extract dietary supplement composition 藻类和藻类提取物膳食补充剂	Dietary supplement 膳食补充
US20090297492	Method for improving cognitive performance 改善认知行为的方法	Improving brain function 改善大脑功能
US20100158984	Encapsulates 胶囊化	Capsules 胶囊
US20100204523	Method of preventing discoloration of carotenoid pigment and container used therefor 防止类胡萝卜素色素变色的方法和容器	Prevention of discoloration 预防变色
US20100267838	Pulverulent carotenoid preparation for colouring drinks 用于有色饮料的粉状类胡萝卜素制剂	Drinks 饮料
US20100291053	Inflammatory disease treatment 炎症疾病的治疗	Preventing inflammatory disease 预防炎症疾病
US20120004297	Agent for alleviating vascular failure 减轻血管衰竭的药剂	Preventing vascular failure 预防血管病变
US20120114823	Feed additive for improved pigment retention 改善颜料保留率的饲料添加剂	Fish feed 鱼饲料
US20120238522	Carotenoid containing compositions and methods 类胡萝卜素的组成和制备方法	Preventing bacterial infections 预防细菌感染
US20120253078	Agent for improving carcass performance in finishing hogs 对肥育猪肉质改善的药剂	Food supplements 食物补充
US20130004582	Composition and method to alleviate joint pain 减轻关节疼痛的化合物和方法	Reduced joint pain and symptoms of osteoarthritis 减轻关节疼痛和关节炎症状

续表

专利号	专利名称	研究目的或对象
US20130108764	Baked food produced from astaxanthin containing dough 虾青素面点的烘焙	Astaxanthin used in baked food 虾青素在烘焙食品中的使用
US20180250326	Composition and method to alleviate joint pain using low molecular weight hyaluronic acid and astaxanthin 用低分子量透明质酸和虾青素减轻关节疼痛的组合物和方法	Alleriate joint pain 减轻关节疼痛
US20180147159	Astaxanthin anti-inflammatory synergistic combinations 虾青素抗炎增效组合	inhibit/suppress inflammation 抑制炎症

表 1-2　近年国内申请的虾青素产品专利（部分）

专利公开号	专利名称	研究目的或对象
CN107691565A	一种粗粮虾青素烘焙食品及其制备方法	含虾青素的烘焙食品
CN107927086A	一种低脂虾青素烘焙食品及其制备方法	含虾青素的烘焙食品
CN107048406A	一种具有提高免疫力功能的虾青素保健品	提高免疫力
CN107029020A	一种具有抗氧化功能的虾青素保健品	提高抗氧化能力
CN104523550A	延缓皮肤衰老的方法	延缓皮肤衰老
CN107661323A	微囊化虾青素在制备防治痛风产品中的应用	防治痛风
CN104208117A	一种具有维护肝脏功能的植物提取物复方产品	维护肝脏功能
CN105078943A	虾青素在制备子痫前期预防或治疗产品中的应用	预防或治疗子痫
CN106821844A	一种具有抗螨和延缓衰老作用的组合物及包含该组合物的护肤品	杀菌消炎、改善皮肤机能
CN106360666A	一种含有虾青素的抗氧化营养保健品	抗氧化
CN104187679A	一种雨生红球藻玛咖保健品及其制备方法	提高人体免疫力、延缓衰老
CN105920054A	一种具有抗氧化、延缓衰老、预防肿瘤发生的医药保健品	抗氧化、延缓衰老、预防肿瘤发生
CN104855957A	一种具有抗氧化、延缓衰老的医药保健品	抗氧化、延缓衰老
CN105831537A	一种抗疲劳虾青素的制备方法	抗疲劳
CN105560838A	一种用于辅助治疗糖尿病的雨生红球藻虾青素及其制造方法	治疗糖尿病
CN107536055A	一种辅助治疗不孕不育的雨生红球藻虾青素产品配方	治疗不孕不育
CN107772190A	一种提高产妇和婴幼儿免疫力的雨生红球藻虾青素产品配方	提高免疫力
CN107441236A	一种雨生红球藻虾青素保肝护肝产品及其制备方法	保肝护肝
CN107318980A	一种雨生红球藻虾青素酸奶及其制备方法	抗氧化、提高免疫力、美容养颜、保护视网膜

续表

专利公开号	专利名称	研究目的或对象
CN107279992A	一种用于保护视力改善记忆力的虾青素产品及其制备方法	保护视力、改善记忆力
CN107802643A	一种含有虾青素的软胶囊	抗氧化
CN107802516A	一种长效保湿护肤精华液	保湿护肤
CN107890432A	一种天然成分保湿护肤精华液	保湿护肤
CN105614793A	一种含有虾青素的低糖果酱及其制备方法	抗氧化
CN105410181A	一种虾青素老酸奶及其制备方法	抗氧化
CN107467117A	一种虾青素产品的加工方法	抗氧化性、抗肿瘤、预防癌症、增强免疫力、改善视力
CN101715986A	富硒红球藻粉的制备方法及应用	抗氧化
CN107858259A	一种用于降血脂的醋及加工方法	降低血压血脂
CN107158258A	一种含有虾青素的可辅助降血压的保健品	辅助降血压
CN103705425A	一种具有祛痘及修复功能的护肤组合物	护肤
CN104644698A	一种防治老年痴呆的产品及其制备方法	防治阿尔茨海默病
CN101904873A	一种以雨生红球藻为原料的药物	提高免疫力
CN104783181A	一种含有虾青素的组合物及其制备方法	抗氧化、辅助降血脂、辅助降血糖、缓解视疲劳
CN105193842A	一种补充抗氧化剂的泡腾片及其应用	抗氧化
CN105124516A	虾青素对虾汁的生产方法	逆转衰老
CN107744517A	虾青素酯作为抗氧化剂的用途	抗氧化
CN104187668A	含有天然虾青素的营养保健品	营养补充
CN105031315A	一种具有降血糖功效的海洋保健胶囊	降血糖
CN104997022A	一种具有免疫调节功效的海洋保健胶囊	免疫调节
CN104905271A	一种具有调节血脂功效的虾青素保健胶囊	调节血脂
CN108245474A	一种护肤面膜基质及制备方法	延缓皮肤衰老
CN201410850677.4	一种双水相耦合破壁技术从雨生红球藻中提取分离虾青素的方法	提高抗氧化活性
CN201611041941.5	一种可防止虾青素分解的口服片	防止降解
CN201710239952.2	虾青素脂质抗氧化活性的测定方法	抗脂质过氧化
CN201611041965.0	一种虾青素茶籽油胶囊	抗氧化活性
CN201611041607.X	虾青素绿茶口服片	抗氧化活性
CN201810643284.4	一种含辣木油和虾青素防晒霜的制备方法	抗氧化、延缓皮肤衰老
CN201911100093.4	一种虾青素口服液的生产方法	抗氧化
CN2010289261.5	虾青素抗疲劳运动材料及其制备方法	抗疲劳

根据 Natural Algae Astaxanthin Association（NAXA）网站主页（https://www.astaxanthin.org/）的描述，当前经过 NAXA 认证的全球生产商为 Algatechnologies、Algae Health Sciences、AtacamaBio Natural Products、Cyanotech、Yunnan Alphy Biotech。

当前已认证的产品有 BioAstin Hawaiian Astaxanthin、BioAstin Hawaiian Astaxanthin Vegan Formula、Doctor's Best Astaxanthin、Health Ranger's Hawaiian Astaxanthin、Healthy Origins Astaxanthin、Natural AstaGlo Astaxanthin、Zesty Paws Life Energy Bites。

人们对虾青素的健康益处、安全性以及潜在用途的认识是一个推动因素。据估计，老年人口的增加将导致对化妆品的需求增加，如抗衰老面霜和抗氧化产品，以提高美感。许多研究报道，虾青素具有高抗氧化性和亲肤性。正因为如此，许多药妆制造商和健康水疗业主都在新产品和相关疗法中使用它，这预计也会推动其需求。大观点研究公司（Grand View Research Inc.）在 2017 年的报告中指出，由于人们对其健康益处、安全性和多功能性的认识不断增强，天然产物虾青素在 2016 年以 52.4% 的市场份额主导了生产技术领域。由于越来越多的雨生红球藻用于生产高级虾青素，微藻被认为是市场份额和销量增长最快的自然资源之一。采用先进的技术生产天然虾青素，污染少，产量高，有望促进市场增长。2016 年，干藻粉因其低廉的生产成本在水产养殖及动物食品中被大量使用，其在各类产品中占有最大的市场份额。含有虾青素油或虾青素粉的软胶囊作为口服营养药物正迅速被接受，预计这将刺激虾青素的需求。因其能提高有色鱼如鳟鱼的质量，虾青素的使用量也在增加，在 2016 年水产养殖和动物饲料市场中占据了主导地位，营业收入 2.20 亿美元。此外，由于营养价值高、抗氧化性能好、副作用小等因素，其相关的营养食品预计将实现丰厚的利润增长。2016 年，北美地区市场份额最大，关键因素可以归因于它的主导地位：主要制造商在北美地区、人们的健康意识不断增强以及蓬勃发展的营养产业。政府的扶持政策、营养不良人口的增长以及发展中国家流动性人口的增加，这些预计将成为亚太地区为其提供高增长机遇的关键驱动力。在天然虾青素生产的各个阶段，如微藻采集、培养、提取和干燥，采用先进技术是推动虾青素市场增长的主要因素。全球虾青素市场预计到 2025 年将达到 25.7 亿美元。

目前，国外已成功实现了虾青素的商业化生产，国际上对虾青素需求量很大。美国、加拿大、欧盟等国家和地区的许多生物技术公司致力于开发生产这类产品，但还远远不能满足市场需求，且价格很高。例如，在 2017 年 AstaReal 公司首席执行官阿伦·奈尔（Arun Nair）称，该公司的全球虾青素业务额已达 5.5～6 亿美元，预计 2020 年将达到 25 亿美元。

根据美国几家生产虾青素保健品公司的财务报告，在 2005 年前虾青素的市场年增长率就达 29%以上，在食品、化妆品、医药等领域也有很大的市场份额。在日本，将含虾青素的红色油剂用于蔬菜、海藻和水果的腌制以及抗光敏化妆品生产已申请了专利。为了治疗心血管疾病，美国推出的相关产品 Sallnon Essentials（三文鱼精华）已经上市。对于虾青素在阿尔茨海默病（AD）、哮喘方面的功效，美国也正在临床试验阶段（樊生华，2005）。

迄今为止，全球有能力商业化养殖红球藻及生产人用天然虾青素的国外企业主要有 6 家，分别是以色列 Algatech 公司、美国 Cyanotech 公司、印度 BioPrex 公司、日本 YAMAHA 集团、FUJI 化学集团、Biogenic 公司。国内主要有云南爱尔发生物技术股份有限公司、湖北荆州市天然虾青素有限公司和云南绿 A 生物工程有限公司等。

Algatech 于 1998 年在以色列的基布茨凯图拉（Kibbutz Ketura）成立，是世界上为数不多的能够以最高标准商业化规模培养天然微藻的公司之一。它最初是一个试点工厂，将本·古里安大学（Ben-Gurion University）的 Boussiba 教授开发的养殖技术商业化。现在的研究团队由来自 15 个不同国家的多名博士组成，研究领域涵盖营养学、化学、药理学、化学工程等。生产基地（图 1-2）位于地球上最干旱和最偏远的地方之一的阿拉瓦沙漠，生产采用地表以下 1 公里的古老海洋的水和世界上最先进的光生物反应器设施，其中包含 600 多公里长的玻璃管，并采用各种高科技的培养和加工技术。由于利用了阿拉瓦沙漠独特的气候条件并拥有偏远的地理位置，确保了最高的质量标准。这些独特的条件使其成为一家领先的虾青素制造商。

图 1-2 Algatech 位于阿拉瓦沙漠的生产基地

总部位于马来西亚的藻类技术公司 Algaetech International 是一家领先的藻类技术公司，专门从事藻类衍生的高价值产品的研发和生产及商业化。Algaetech International 的虾青素是在位于马来西亚吉隆坡的马来西亚科技园中一个封闭的光生物反应器系统中生产的。他们通过优质品牌向消费者推销虾青素鸡蛋和其他产品，正在与哈萨克斯坦、毛里求斯、阿联酋和沙特阿拉伯的分销商进行谈判，目标是在未来两到三年使产品进入 30 个国家。

由 Cysewski 博士创立的 Cyanotech 公司成立于 1984 年，他选择了夏威夷原始的科纳海岸（图 1-3），因为那里生长着纯净、无污染、干净的植物，可以从 2000 ft[①] 深的海水中获得深海水源。该公司位于一个生物安全区，没有杀虫剂和除草剂。该公司生产的散装原料 BioAstin SCE 5 和纯素 BioAstin 软凝胶已经获得美国伊斯兰食品和营养委员会（IFANCA）的清真认证。BioAstin 也是第一个获得天然藻类虾青素协会（NAXA）认证印章的品牌。该项认证可使 Cyanotech 公司能够向东南亚和其他地区不断增长的市场提供虾青素，这其中包括超过 10 亿的发穆斯林和其他出于健康考虑而选择吃清真食品的消费者。

图 1-3　Cyanotech 公司在夏威夷科纳海岸的生产基地

① 1 ft = 3.048 × 10⁻¹ m。

云南爱尔发生物技术股份有限公司成立于 2007 年，2013 年成立全资子公司云南爱尔康生物技术有限公司，2015 年 11 月公司在"新三板"挂牌上市。该公司是专业从事细胞工程培养雨生红球藻，提供天然虾青素产品的高新技术企业。公司以细胞工程技术为起点，立足于研发和制造高附加值的天然虾青素产品，因地制宜创建了以微藻细胞工程培养为基础的新型产业模式，生产技术达到国际领先水平。同时，拥有自主知识产权 20 余项，先后建立了云南省雨生红球藻工程研究中心、侯保荣院士工作站、红球藻种质培育与虾青素制品开发国家地方联合工程研究中心等创新型平台。经国家质量监督检验检疫总局审核评定（2015 年第 9 号公告），批准云南爱尔发生物技术有限公司的雨生红球藻粉、雨生红球藻虾青素油为生态原产地保护产品，准予其使用生态原产地产品保护标志。

荆州市天然虾青素有限公司位于湖北省荆州市高新技术开发区生物产业园区，占地 200 亩①（已建 100 亩），注册资金 2500 万元，到 2019 年实际投资 6200 多万元。已建成的雨生红球藻培养面积 24000 m^2，年产虾青素含量在 2.0% 以上的雨生红球藻粉 10~15 t，公司三期工程竣工后，年产雨生红球藻粉将达到 50 t。正在自主研发的项目有：①将藻粉中虾青素的含量稳定在 3.5% 以上；②虾青素油脂剂型；③虾青素微囊粉剂；④虾青素泡腾片剂。目前该公司已成功推出艾诗特（ASTA）天然虾青素（超级维生素 E）。公司从 2003 年底开始与中国科学院合作进行科研，2006 年已经进入规模化生产阶段，生产技术水平被湖北省科学技术厅评定为国际先进水平。

云南绿 A 生物工程有限公司坐落于云南丽江的程海湖畔，建有占地 680 亩的螺旋藻原料基地，目前螺旋藻干粉生产的总能力已达 3000 t，占全球产量的一半。2006 年，该公司借助在螺旋藻研究和生产上的技术优势，紧跟国际红球藻研究的最新技术和发展方向，依托技术和资本上的优势，联合中国科学院武汉植物园，实现红球藻产业化，从一个中国螺旋藻生物技术研发专业企业成长为国际微藻研发中心。

除此之外，随着人民生活水平的提高，高档水产品的养殖已成为水产业发展的一个重要方向。其中鳟鱼、鲑鱼及虾蟹等水产品具有较高的市场价值，为了提高这些水产品的商品性，养殖过程中就需要在饲料中添加虾青素，以赋予水产品可食部分天然诱人的色泽并改善产品的品质。据估计，目前仅用于水产养殖的虾青素的市场价值就约为 10 亿美元。其中仅鲑鱼饲料一项的年市场价值就超过 1.85 亿美元，并以每年 8% 的速率递增，显示出其极大的市场潜力。天然虾青素作为家禽的饲料添加剂，目前的市场价值为 1.25 亿美元，其需求仍在不断地增长。

---

① 1 亩 = 666.7 m^2。

随着水产养殖和食品医药等工业的发展，近年来国内对虾青素的需求量也越来越大，目前国内虾青素产品主要依靠进口。虾青素作为人类高级保健食品、药品的原料，能显著提高人体免疫力，可有效清除肌细胞中因运动产生的自由基，强化代谢，因此具有显著的抗疲劳作用。抗氧化是一切美容活动的基础，而虾青素可以有效除皱抗衰、防晒美白以及除去因年龄所致的黄褐斑。估计目前我国虾青素作为保健品的年需求量为 10 t 左右，随着我国经济发展，虾青素作为保健食品、药品的需求将增加。

目前，国内特别是沿海一带正大力发展虾、鱼、蟹等的人工养殖，因此，对饲料添加剂——虾青素的需求量越来越大。不少研究者正致力于虾青素提取的研究，并将其用于商业化的生产。我国年需虾饲料 40 万 t 以上，每年增幅 20%以上，在饲料中添加一定浓度的天然虾青素可明显提高虾饲料品质、减少虾病害发生，因此虾青素市场前景十分好。天然虾青素产品还适用于鲍鱼、鲟鱼、鲑鱼、虹鳟鱼、真鲷、甲壳类动物、观赏鱼类及各种"绿色"畜禽类的养殖。天然虾青素不但用处多，而且经过严格的动物试验证明，天然虾青素对人、水产动物、畜禽等绝对无毒副作用，因而天然虾青素越来越受青睐，是国内一种紧俏的新型生物原料（干昭波，2014）。

Arun Nair 用 SWOT 分析分享了 AstaReal 公司对虾青素市场的有趣看法。具体如下所述。

优势（strengths）：①培养技术的快速发展；②基因组和转录组的发展；③藻产率的改进；④代谢组学信息。

劣势（weaknesses）：①室内的光生物反应器（PBRs）对资金和能源需求大；②野外地理位置限制；③严格的环境条件控制；④缺乏全球化的标准。

机会（opportunities）：①微藻功能的益处；②藻产率的提升；③营养食品，PUFA，类胡萝卜素，蛋白质；④保健品，化妆品，功能食品。

危机（threats）：①微生物污染；②环境污染（如多环芳烃）；③更为便宜的人工合成类似物；④野外 PBRs 的环境异常。

在经济效益方面，天然虾青素的成本（约 3000 美元/kg）也无法充分与饲料用的合成替代品（约 880 美元/kg）竞争。昂贵的天然虾青素会导致市场上鱼类价格过高，这是公众不希望看到的。此外，如今超市里的部分鲑鱼、虾、龙虾和小龙虾是养殖的，它们大多加入了从石油化工产品中提取的虾青素。只要公众不了解天然虾青素相对于合成虾青素的优势，天然虾青素就不会在全球市场上占据主要份额。因此，未来的政策应该支持有关天然虾青素的研究和营销活动，以便让公众了解这种抗氧化剂的有益特性，从而使其获得在市场上应有的地位。在强太阳辐射和高温条件下培育的雨生红球藻中提取的天然虾青素是一种极具吸引力的膳食补充剂和化妆品添加物。尽管如此，在许多地区天然虾青素还不能替代人工合成的虾青素。考虑到未来几年全球虾青素市场将飞速增长，有必要进一步研究以更低成本自然生产虾青素。例如，关注不同生产阶段的能源效率，并考虑其他类型的可再生能源。在高质量渔业中，天然虾青素对合成替代品的潜在支配地位将为这种色素的营养代谢提供有利条件，并将扩大其在制药、营养、化妆品领域的应用（Panis and Carreon，2016）。

但是，化学合成的虾青素在市场上的占有率和影响力却是非同一般的。自 1990 年以来，Roch 公司开始大规模生产合成虾青素，商品名为加丽素粉红，虾青素的含量为 5%～10%，并实际实现了该颜料的全球市场化，估计价值 1.5 亿～2 亿美元，且目前全球只有 Roch 公司和德国的 BASF 公司使用化学合成法生产虾青素。虽然对天然食品日益增长的需求和合成颜料的高成本刺激了对具有工业化潜力的天然虾青素资源的探索，但在 2004 年前只有少数几家公司成立，并试图通过提供来自自然资源的虾青素与 Roch 和 BASF 竞争。然而，由于当时产量有限，这些产品只占很少的一部分市场（董庆霖，2004）。

就目前的生产和市场情况而言，随着生产技术的改进和优化以及生产成本的降低，天然虾青素已能与合成虾青素进行价格竞争。并且随着公众文化素质的提高，认可并要求购买含天然虾青素的水产品，如鲑鱼等，或立法上要求使用天然色素添加剂，天然虾青素与合成虾青素相比就具备了特殊的优势，如天然的维生素 E 和 β-胡萝卜素的生产与销售情况就是如此。

第二章 虾青素的来源和结构

第一节 虾青素的来源

目前，在天然虾青素的生物来源中，雨生红球藻中的虾青素含量最高，所含虾青素的结构形式也与养殖对象所需一致，所以雨生红球藻被公认为是自然界中生产虾青素最好的生物来源，并已成为近年来国内外虾青素研究的热点。然而，虾青素的雨生红球藻生产技术仍有待完善，尤其在雨生红球藻培养、虾青素积累及提取等方面仍存在相当大的技术难题。水产养殖行业一直以来都被采用化学合成法生产虾青素的生产商紧紧地占据，天然虾青素所占的份额很小。最初，雨生红球藻虾青素的生产商试图进入鱼类（特别是鲑鱼）饲料市场，然而，来自化学合成虾青素的价格竞争使得红球藻虾青素的生产商被挤出该市场，只能向小的专业化市场供货（董庆霖，2004）。但是，虾青素不仅是重要的色素，同时也是水产类充足生长和繁殖所必需的营养成分。除了影响颜色，虾青素的一个最重要的特性是它的抗氧化性能已超过 β-胡萝卜素甚至维生素 E。由于其出色的抗氧化活性，虾青素被认为在保护机体免受心血管疾病、不同类型的癌症和某些免疫系统疾病等的侵害方面具有非凡的潜力。这引起了人们极大的兴趣并促进了许多关于它对人类和动物的潜在益处的研究。

一、化学合成

采用化学合成法的主要生产商有瑞士的 Hoffman 公司和德国的 Roch 公司。化学合成法的工艺复杂，其合成的前体物质为 S-3-乙酸基-4-氧代-β-紫罗酮，它是微生物对 R-萜烯醇乙酸盐不对称水解后，经过萃取及重结晶等技术处理而得到的产物（吴彩娟，2003）。这种前体物质经化学反应转化为十五碳的维悌希盐，然后两个十五碳的维悌希盐同一个十碳的双醛反应合成虾青素。合成的虾青素是一种与生物体中产生的虾青素相同的分子，它由 1∶2∶1 的异构体混合物组成 [(3S, 3'S)、(3R, 3'S)、(3R, 3'R)]。化学合成法生产的虾青素产品的虾青素含量为 5%～10%，成本非常高，造成虾青素的价格也非常高。自 1990 年以来，Roch 开始大规模生产合成虾青素。

二、天然来源

1. 藻类

自然界中能够合成虾青素的微生物主要是藻类和真菌及细菌。能够合成虾青素的藻类种类不多，主要有雨生红球藻（*Haematococcus pluvialis*）、绿球藻（*Chlorococcum* sp.）、小球藻（*Chlorella zofingiensis*）、血红裸藻（*Euglena sanguinea*）。其中雨生红球藻的产量最高，虾青素含量高达细胞干重的 4%，是自然界中虾青素含量最高的生物，也是公认的最具商业开发潜力的微藻。雨生红球藻是目前研究最多并投入虾青素商业化生产的唯一的一种藻类。其他藻类虾青素含量都很低，没有商业开发价值。

关于微藻，特别是雨生红球藻的研究，目前主要集中在优化虾青素生产工艺，重点是评估影响藻类生长和虾青素生产的各种因素及条件。光生物反应器技术已经成为实现微藻制备虾青素的商业可行性的基本工具，因为它建立了虾青素干重浓度在 1.5%～3% 的微藻培养方法。该生产系统包括控制条件下在大池塘中培养微藻，然后进行处理以打破细胞壁增加类胡萝卜素的生物利用度，避免完整孢子产生的低消化率问题，最后将生物质干燥成微红色粉末。目前市面上一些产品中的虾青素是从雨生红球藻中提取出来的。这些产品可能含有 1.5%～2.0% 的虾青素，被用作水族动物的色素和营养物质，也被家禽工业用于肉鸡和蛋黄的色素沉着。此外，其他藻类物种也被认为是虾青素的来源，但迄今为止，与先前描述的物种相比，并没有取得多大的成功。绿球藻被认为是一种很有前景的虾青素以及其他类胡萝卜素（如角黄素和金盏花黄质）的来源。水产养殖行业对天然虾青素资源的兴趣一直在增长，这是用天然色素喂养鱼的需求不断增长的结果。在色素沉着方面微生物来源和合成的类胡萝卜素之间是具有可比性的。然而，值得注意的是，一些研究人员提出，从藻类中提取的甾体虾青素在色素沉着方面的效果可能是合成虾青素的两倍，此外，它还有利于斑节对虾幼体的生长。

利用红球藻生产的色素品质较好，其中主要为酯化的虾青素（60%～80%），此外还含有 β-胡萝卜素、紫黄质、新黄质、叶黄素等，以及少量的自由态虾青素、玉米黄素、海胆酮、角黄素等。虾青素为（3*S*, 3'*S*）对映体。

目前国外采用雨生红球藻培养技术生产的虾青素占天然虾青素市场的主导地位。已商业化生产的主要有五家公司，分别为美国的 Mera 公司和 Cyanotech 公司、日本的 Microgaia 公司、瑞士的 Astacarotene 公司、以色列的 Minapro 公司。2004 年瑞士的 Astacarotene 公司被日本的 Microgaia 公司兼并。这些公司都采用培养雨生红球藻的方法生产虾青素，并且基本上是在 1997 年以后陆续投产，到 2001 年已占据了全球天然虾青素的主要市场份额。前三家公司都集中在夏威夷，利用其温暖的气候条件进行全年连续生产，以提高产量并降低成本（董庆霖，2004）。

雨生红球藻，在分类学上属于绿藻门、团藻目、红球藻科、红球藻属。光合作用色素成分含有叶绿素 a、叶绿素 b，以及叶黄素和类虾青素等。细胞呈卵形到椭圆形，营自养生活，也可进行异养生活。自养培养时需要光照，培养液中常加入铵盐或硝酸盐及磷酸盐，如$(NH_4)_2CO_3$、K_3PO_4、$FeCl_2$、EDTA 等，通入 CO_2，提供碳源并搅拌，控制 pH。异养培养则常用脲作为碳、氮源，加入甲硫氨酸作为生长因子。因为使用清水培养，常受到其他微生物的污染，所以常使用酚、紫外线或臭氧来消毒清水，并采取分批培养方式。pH 控制在 6.5～8.0。低光、低盐有助于其生长。光线能刺激其体内虾青素的形成，增加量约为 7 倍；若一直在暗中培养，不仅类胡萝卜素无法合成，细胞也无法由绿色转变成红色或棕色。乙酸及甘氨酸也会刺激虾青素的生成；碳、氮源能延迟其生成，所以在控制上十分严格。生长过程中虾青素含量变化很大，在营养细胞期并不合成，只有等到产生包囊时才会合成虾青素。

在补充甲硫氨酸、脲、乙酸盐的合成培养基中，细胞数量可达 $1 \times 10^5 \sim 5 \times 10^5$ 个/mL，以此接入 100～200 L 种池中，经 5 d 可生长到 $3 \times 10^5 \sim 6 \times 10^5$ 个/mL，再以 1%～2%接种量接种到生产槽中，生长进入包囊期。再经 5 d 培养后，即可收获这些不会运动、带有厚壁及色素的包囊。经过离心浓缩收集包囊泥，70℃加热，除去余下的水分及杀死一些污染的微生物，然后加入一些抗氧化剂，如二丁基羟基甲苯、维生素 E 等，在抗氧化剂的保护下进行研磨及萃取。由于包囊细胞很厚韧，因此在较低温下（-170～-50℃）研磨才能得到好的产品。藻类培养也存在一些难题，如生长缓慢、生长温度低（20℃）、需要光照、厚壁包囊、敞开式池培养时易污染（梁新乐，2001）。

2. 真菌

能够合成虾青素的真菌主要是酵母，如红发夫酵母（*Phaffia rhodozyma*）、粘红酵母（*Rhodotorula glutinis*）、深红酵母（*Phadotorula rubra*）。除红发夫酵母以外，其他酵母由于虾青素含量很低或生长条件苛刻而不具有开发价值。红发夫酵母是研究得最多的微生物，同时也是发酵法生产虾青素的首选菌种。

野生红发夫酵母约含 200～500 μg/g 干酵母的类胡萝卜素，其中 90%为虾青素。与甲壳类、藻类相比，红发夫酵母作为虾青素的天然来源，具有可在发酵罐中快速代谢和高细胞密度生产等优点。但野生菌株虾青素含量较低、培养温度较低（21℃）等限制了其工业生产的可能性。因此虾青素高产菌株的选育、发酵工艺及规律的探索、廉价发酵底物的研究以及生理功能等一直是研究、利用红发夫酵母进行虾青素工业生产的重点方面（梁新乐和岑沛霖，2000）。

目前，国外采用红发夫酵母发酵法生产虾青素的企业较少，生产规模相对都很小，市场占有率也较低。生产企业主要有两家——Archer-Daniels-Midland（ADM）公司和 Red star 公司。最近位于马里兰州的美国著名的生物技术公司——Igene 生物技术公司（Igene Biotechnology Inc）以虾青素生产技术入股，与英国著名的发酵产品生产商 Tale & Lyle 公司合资，将原生产柠檬酸的设备改造后用于红发夫酵母发酵来生产虾青素，并于 2004 年投产（董庆霖，2004）。

3. 细菌

能够合成虾青素的细菌有土壤杆菌（*Agrobacterium aurantiacum*）、分枝杆菌（*Mycobacterium lacticoal*）和短杆菌（*Brevibacterium*）等。后两种细菌中虽然含有虾青素，但菌体生长较慢且虾青素含量极低，无工业应用前景。但从另一个角度看，细菌，尤其是革兰氏阴性菌，在色素的提取上十分简便容易，如果能找到合适的高产菌株或基因工程宿主菌，对虾青素生产将是十分有利的。

微生物来源的虾青素情况见表 2-1。

表 2-1　微生物来源的虾青素

	来源	虾青素含量/%（干重）
绿藻纲（Chlorophyceae）	*Haematococcus pluvialis*	3.8
	Haematococcus pluvialis（K-0084）	3.8
	Haematococcus pluvialis（本地分离）	3.6
	Haematococcus pluvialis（AQSE002）	3.4
	Haematococcus pluvialis（K-0084）	2.7
	Chlorococcum	0.2
	Chlorella zofingiensis	0.001
	Neochloris wimmeri	0.6
石莼纲（Ulvophyceae）	*Enteromorpha intestinalis*	0.02
	Ulva lactuca	0.01
红藻纲（Florideophyceae）	*Catenella repens*	0.02
变形菌纲（Alphaproteobacteria）	*Agrobacterium aurantiacum*	0.01
	Paracoccus carotinifaciens（NITE SD 00017）	2.2
银耳纲（Tremellomycetes）	*Xanthophyllomyces dendrorhous*（JH）	0.5
	Xanthophyllomyces dendrorhous（VKPM Y2476）	0.5
网粘菌纲（Labyrinthulomycetes）	*Thraustochytrium* sp. CHN-3（FERM P-18556）	0.2
软甲纲（Malacostraca）	*Pandalus borealis*	0.12
	Pandalus clarkia	0.015

4. 植物

生产虾青素的农作物新品种的培育将是虾青素产业化和商业化的发展新趋

势。2002 年研究人员培育出了全球首例在花基部产虾青素的烟草植株。2008 年又有学者培育出约含 0.1%虾青素的胡萝卜和叶绿体基因组转化的约含 0.3%虾青素的烟草植株。2012 年一种富含虾青素的番茄植株在中国科学院昆明植物研究所由黄俊潮课题组研究问世，这是世界首例能高产虾青素的番茄新品种。

三、化学提取法

化学提取法是指从甲壳类副产物中提取虾青素。甲壳类副产物是在螃蟹、虾和龙虾调理加工或不可食部分回收过程中产生的。这些副产物通常由矿物盐（15%～35%）、蛋白质（25%～50%）、几丁质（25%～35%）、脂质和色素组成。其中所含的类胡萝卜素色素已被彻底研究和量化。虾和蟹副产物中类胡萝卜素的含量各不相同，约为 119～148 μg/g。虾青素主要是以游离的或与脂肪酸酯化的形式存在。这些副产物也可能含有少量叶黄素、玉米黄素和虾青素。如果利用虾、蟹的副产物人工诱导鱼体色素的沉着，由于副产物通常含有少于 1000 μg/g 的虾青素，这意味着需要将大量的副产品作为饲料成分（10%～25%），以实现高效的色素沉着过程。加工过程是这些副产物进行转化的过程。然而，由于类胡萝卜素在热处理条件下对氧化降解的敏感性很高，因此依赖于加热的干燥方法并不适合。美国和挪威等国家曾用以下方法生产虾青素，具体为：将装在双层塑料袋中于 −70℃低温下储存的虾蟹壳粉碎成糊状物质，按质量比 1∶1 的比例加入大豆油，搅拌均匀后置于避光的容器内，缓慢加热至 90℃后，再用低温离心机（0℃，11000 r/min，10 min）进行分离，最后对上清液进一步萃取，即可获得虾青素。由于此方法的原料来源有限，废弃物本身品质易迅速腐败，生产条件要求苛刻，产量低，成本高，且产品纯度也较低，因此，难以实现规模化生产。

化学提取法的缺点还有灰分和几丁质含量高，这大大降低了对副产物的消化，严重限制了副产物添加到配方中的添加量。为了避免这一问题，已有研究提出了各种处理甲壳类副产物的方法。其中一种方法是青贮，它包括用有机酸或无机酸处理副产物，以防止细菌分解并促进色素恢复。在此过程中，由于添加了酸性物质，钙盐在较低 pH 下部分溶解，这使固体组分中虾青素的含量增加并且得到了更高的消化率。另外，由于使用植物油或鱼油提取，虾青素可以直接作为饲料成分。同样，以稳定的复杂形式（如胡萝卜素蛋白）同时回收蛋白质和色素也被证明是可行的，这为色素和氨基酸提供了极好的来源。甲壳纲动物的胡萝卜素蛋白复合物呈蓝褐色。当这些化合物被加热变性时，虾青素显色，呈现出消费者所期望的典型的橙红色。

第二节　虾青素的结构

一、立体异构体

虾青素（3,3'-二羟基-4,4'-二酮基-β,β'-胡萝卜素）是一种非维生素 A 源的酮式类胡萝卜素，分子式为 $C_{40}H_{52}O_4$，分子量为 596.86，属于叶黄素类。它是 β-胡萝卜素的一种衍生物，由 8 个异戊二烯（C_5）碳单元组成，分子结构上有三种旋光异构体（图 2-1）。虾青素是一种粉红色针状结晶体，具有光泽，熔点为 216℃，不溶于水，易溶于二硫化碳、丙酮、苯和氯仿等有机溶剂；在生物体中常与蛋白质结合而呈蓝紫色，蛋白质变性后才呈现橙红色。虾青素在不同溶剂中有不同的最大吸

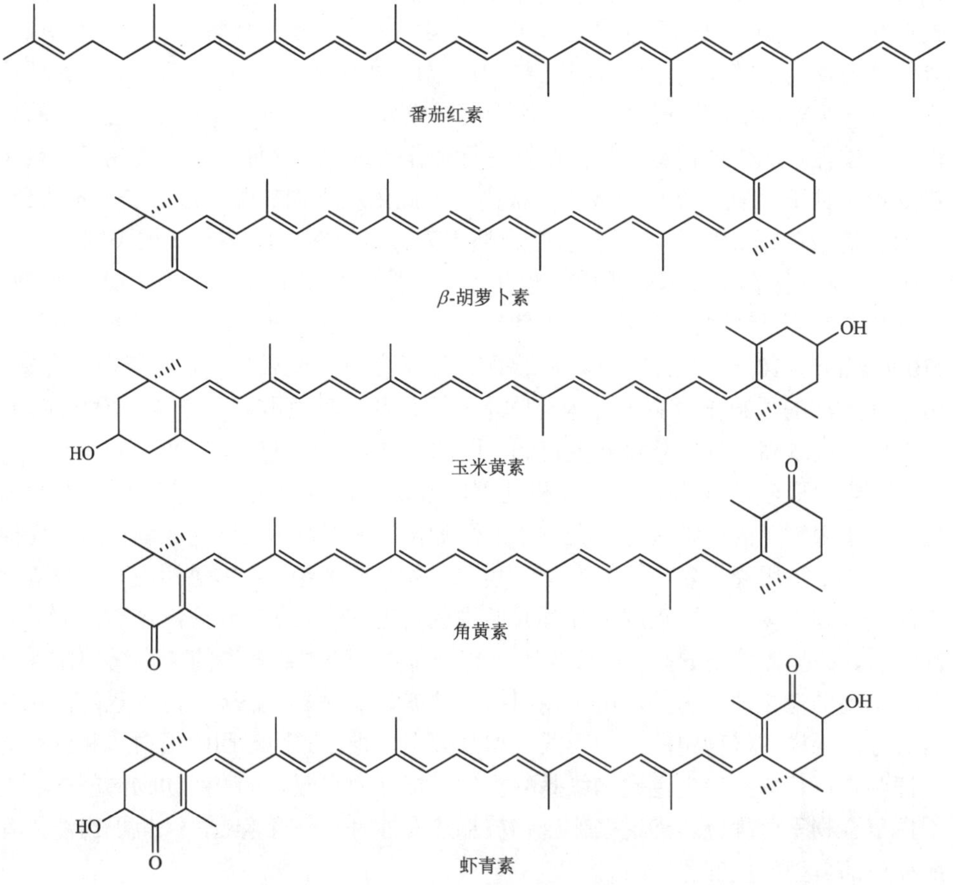

番茄红素

β-胡萝卜素

玉米黄素

角黄素

虾青素

图 2-1　胡萝卜素和类胡萝卜素的结构

收波长及吸光度：489 nm（氯仿），478 nm（苯、乙醇），480 nm（丙酮），472 nm（己烷、石油醚），472 nm（甲醇）。室温下结晶态在部分溶剂中的溶解度：30 g/L（二氯甲烷），10 g/L（氯仿），0.2 g/L（丙酮），0.5 g/L（二甲基亚砜）。在碱性条件下，易发生不可逆变性。自然界的天然虾青素主要存在于一些藻类、酵母和细菌的细胞中。甲壳类动物的甲壳以及一些鸟类的羽毛中也含有少量的虾青素。

虾青素是目前已发现的 600 多种类胡萝卜素中的一种，它与其他常见的类胡萝卜素，如 β-胡萝卜素、玉米黄素、叶黄素密切相关，因此它们在代谢和生理作用方面具有很多共同特征。类胡萝卜素是一个包含 600 多种色素的家族，这些色素在高等植物、苔藓、藻类、细菌和真菌中重新合成。类胡萝卜素的结构来源于番茄红素（图 2-1），其中大部分为 40 个碳原子的碳氢化合物，它们含有由共轭双键链或多烯链连接的两个末端环系统。有两类胡萝卜素被认为是最重要的，一类是仅由碳和氢组成的胡萝卜素，另一类是叶黄素，它们是含氧衍生物。在后者中，氧可以表现为羟基基团（如玉米黄素）或氧基团（如角黄素），或者两者结合（如虾青素）。类胡萝卜素具有独特的分子结构、化学性质和光吸收能力特征。来自多烯链的每个双键可以存在于两种构型中，形成顺式或反式几何异构体。顺式异构体在热力学上不如反式异构体稳定。自然界中发现的大多数类胡萝卜素主要是反式异构体。除了形成几何异构体，考虑到每个分子有两个手性中心，虾青素可能存在三种构型异构体，即两个对映体[（3R, 3′R）和（3S, 3′S）]及内消旋形式（3R, 3′S）（图 2-2）。在这些同分异构体中，（3S, 3′S）是自然界中最丰富的。合成虾青素由两种对映体和内消旋体的外消旋混合物组成。甲壳纲动物中有三种光学异构体。根据它们的来源，虾青素可以与化合物结合。它的一个或两个羟基可能与不同的脂肪酸（如棕榈酸、油酸、硬脂酸或亚油酸）酯化；它也可能是自由的，也就是说具有未甾体化的羟基；或者，与蛋白质（如胡萝卜素蛋白）或脂蛋白（如胡萝卜素脂蛋白）形成化学复合物。合成虾青素不进行甾体化，而在藻类中发现的虾青素总是甾体化的。

虾青素分子中每个紫罗酮环上的羟基和酮基使其具有一些特有的性质，如酯化作用、强抗氧化性。与其他类胡萝卜素相比，其分子具有更强的极性等。游离的虾青素对氧化作用非常敏感。自然界中的虾青素通常与蛋白质结合形成结合蛋白，如在鲑鱼肌肉组织和龙虾的外壳中形成的结合蛋白，或者与一种或两种脂肪酸通过酯化作用形成酯化的虾青素，这样可以提高分子的稳定性。

动物几乎不能合成虾青素而只能从食物中摄取。虽然一些甲壳类动物（如虾）及一些鱼类（如鲤鱼）能将食物中其他的类胡萝卜素转化为虾青素，但这种转化能力比较微弱。哺乳动物不能合成虾青素，也不能将摄取的虾青素转化成维生素 A，因此在哺乳动物体内，虾青素没有维生素 A 前体的活性（董庆霖，2004）。

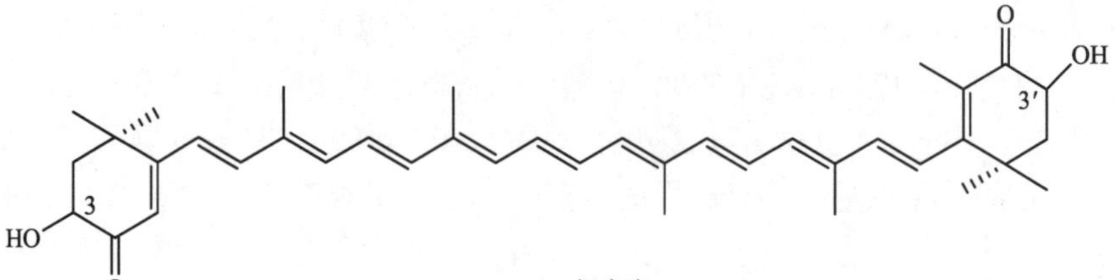

3S, 3'S-虾青素

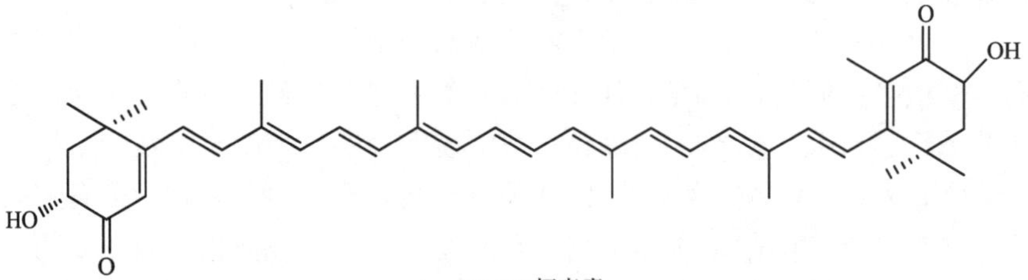

3R, 3'S-虾青素

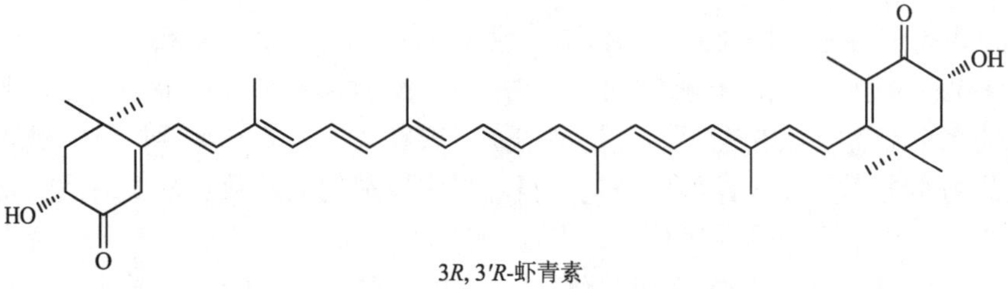

3R, 3'R-虾青素

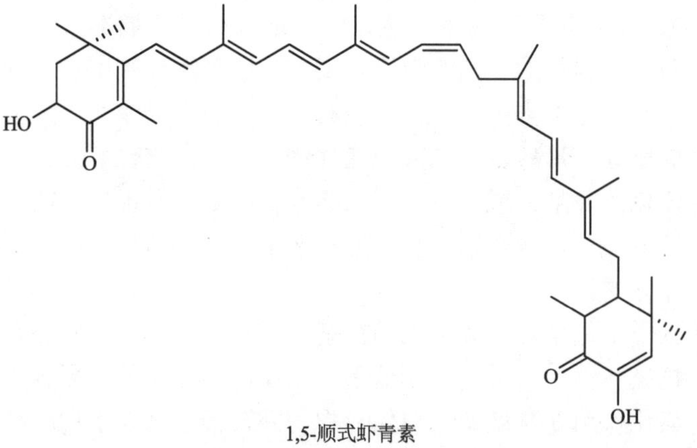

1,5-顺式虾青素

图 2-2　虾青素的异构体（李婷等，2012）

二、几何异构体

与 C=C 双键结合的基团的排列方式是可以完全不同的，但碳原子不能绕双键扭曲或旋转，除非双键断裂重排，如果两个基团位于双键的同一侧称为 Z 结构，又称为顺式（cis）结构，如果两个基团位于双键的对应面称为 E 结构，又称为反式（*trans*）结构。虾青素在其分子的线性部分有多个双键，每个双键都可以是 *Z* 式或 *E* 式，全 *E* 结构是最稳定的结构，因为分支基团（如甲基）不竞争空间位置。现已发现，天然虾青素中 9 位、13 位和 15 位有 *Z* 式结构，因此虾青素可能的几何异构体有全 *E*、（9*Z*）、（13*Z*）、（15*Z*）、（9*Z*，13*Z*）、（9*Z*，15*Z*）、（13*Z*，15*Z*）和（9*Z*，13*Z*，15*Z*）等。

三、游离虾青素和虾青素酯

虾青素在其末端环状结构中各有一个羟基，这种自由羟基可与脂肪酸形成酯。如果其中一个羟基与脂肪酸形成酯，称为虾青素单酯；如果两个羟基都与脂肪酸形成酯，则称为虾青素二酯。酯化后，其疏水性增强，双酯比单酯的亲脂性强。

总之，虾青素可根据立体异构体、几何异构体、酯化程度和酯化与否分为多种结构。所有这些结构形式都在自然界存在，如南极磷虾中虾青素的主要立体异构体为（3*R*, 3′*R*），且被酯化。野生鲑鱼中虾青素的主要立体异构体为（3*S*, 3′*S*），鲑鱼肉中的虾青素为游离性的；红酵母中的主要类胡萝卜素为虾青素，以酯化的（3*R*, 3′*R*）为主；红球藻中虾青素的立体异构体是（3*S*, 3′*S*），单酯约占 80%，双酯约占 15%，主要的脂肪酸有油酸、反油酸、蓖麻酸和花生酸等。在一项试验研究中，用合成的游离虾青素［各种立体异构体的质量浓度比为（3*S*, 3′*S*）：（3*R*, 3′*S*）：（3*R*, 3′*R*）= 1∶2∶1］饲养虹鳟鱼（*Oncorhynchus mykiss*），其中一组用的是全 *E* 式虾青素，另一组用的是 *E/Z* 混合物。结果表明，全 *E* 式虾青素饲养的个体虾青素积累较多，在粪便、血液、肝和肉中虾青素立体异构体的比例为（3*S*, 3′*S*）：（3*R*, 3′*S*）：（3*R*, 3′*R*）= 1∶2∶1，鱼皮中虾青素立体异构体的比例为（3*S*, 3′*S*）：（3*R*, 3′*S*）：（3*R*, 3′*R*）= 1∶2∶2，肾中虾青素立体异构体的比例为（3*S*, 3′*S*）：（3*R*, 3′*S*）：（3*R*, 3′*R*）= 1∶2∶3，这说明在不同的组织中分布的立体异构体和几何异构体均不相同。在另一项研究中，给 3 位中年吸烟男子分别服用 100 mg 全 *E*、9*Z* 和 13*Z* 的游离虾青素［立体异构体的比例均为（3*S*, 3′*S*）：（3*R*, 3′*S*）：（3*R*, 3′*R*）= 1∶2∶2］，在 72 h 内取血样 10 次，用高效液相色谱（HPLC）做定量分析。发现服用 6 h 后，血浆虾青素质量浓度高达 1.24 mg/L，13*Z* 异构体丰富，但不知是 13*Z* 异构体易被吸收，还是全 *E* 和 9*Z* 异构体代谢快，立体异构体的比例无明显变化，说明人体对游离虾青素的生物利用率与其几何异构体密切相关。

化学合成的虾青素均为游离虾青素，立体异构体的比例为（3*S*, 3′*S*）：（3*R*, 3′*S*）：（3*R*, 3′*R*）= 1∶2∶1。天然虾青素主要以（3*S*, 3′*S*）或（3*R*, 3′*R*）形式存在，且往往与蛋白质形成复合物，产生不同的颜色（如龙虾中的蓝色、绿色和黄色）；也可溶在油脂中，如雪藻（*Chlamydomonas nivalis*）的红色就是其细胞质脂粒中积累虾青素的结果；或与脂肪酸形成酯。虾青素在细胞中很少游离存在，因为游离的虾青素不稳定。合成虾青素和天然虾青素的几何异构体大多为全 E 结构，但立体异构体如前所述大不一样，合成虾青素的各立体异构体之间的比例是固定的，且消旋体占 50%，天然虾青素主要为（3S, 3′S）酯化结构。比较合成虾青素和天然虾青素饲养虹鳟鱼的效果表明，以相同含量合成虾青素或天然虾青素的饲料分别喂养虹鳟鱼，结果却大不一样，用天然虾青素饲料喂养的虹鳟鱼积累更多的虾青素（李浩明和高蓝，2003）。

对人血浆中的虾青素进行研究显示，未能检测到 R/S 异构体的选择性。血浆中虾青素异构体的分布是虾青素摄入后可能发生的异构化反应的综合结果，是肠细胞在吸收和转移过程中对异构体的识别以及虾青素随后在血液颗粒中结合的结果。然而，70 年前就在肠道中发现了类胡萝卜素的 E/Z 异构体，但口服 [13]C-9Z-β, β-胡萝卜素的人餐后血浆中几乎不含 9Z-β, β-胡萝卜素；这与一些使用大剂量等摩尔全 E 和 9Z-β, β-胡萝卜素混合物的研究结果相一致。

对虹鳟鱼中虾青素异构体的积累研究发现，全 E 式虾青素选择性地积累在血浆、肌肉和肠道组织中，13Z 虾青素积累在肝脏中。而且，虾青素在虹鳟鱼中的 t_{max} 值（达到最高浓度所需时间）为 7 h，在沙门氏菌中的 t_{max} 值则为 18～30 h。这些结果清楚地表明，不同种类的特异性机制控制了血浆中虾青素 E/Z 异构体的摄取。虽然缺乏血浆的相关信息，但之前有报道称物种间存在着差异，人类肝脏中 9Z-和 13Z-β, β-胡萝卜素的积累与大鼠和鸡肝脏中 9Z-和全 E-β, β-胡萝卜素的浓度比值分别约为 0.5 和 2.9。然而，肝脏的数据并不一定反映类胡萝卜素吸收的选择性，因为选择性异构体代谢等复杂的因素可能与观察结果相关。综上所述，一个物种中关于类胡萝卜素的数据并不完全适于与另一个物种进行比较。血浆浓度时间曲线显示了血浆中虾青素出现和消失的单相动力学。大约 7 h 血浆中虾青素浓度达到最高值。5, 6-环氧基-β, β-胡萝卜素为 6 h，β-隐黄质为 6 h，叶黄素为 9 h，辣椒红素（3, 3′-二羟基-β, β-胡萝卜素-6′-酮）为 8 h，酸性脱辅基类胡萝卜素胭脂素和降胭脂树素分别为 2 h 和 4 h。这些数据可能表明 t_{max} 受类胡萝卜素极性的影响，从而影响胃肠道的溶解度。胭脂素和降胭脂树素的酸性也可能是这些类胡萝卜素在血液中清除较快的原因。类胡萝卜素的吸收是通过膳食脂肪浓度来促进的，而较高的溶解度可能意味着类胡萝卜素更容易在胃肠道混合胶束中结合。虾青素的血浆清除半衰期（$t_{1/2}$ = 20.8 h）与辣椒素的血浆清除半衰期（$t_{1/2}$ = 20.1 h）非常相似，远远低于番茄红素（$t_{1/2}$ = 222 h）。因此，类胡萝卜素似乎具有更快的新陈代谢和/或组织沉积速率，浓度时间曲线下面积（AUCs）和口腔清除数据也表明了这一点。虾青素几乎不溶于水。因此，相对较高的分布容积表明血管外组织对虾青素的吸收、结合或代谢相当广泛。从回归分析和时间分布来看，不同的虾青素异构体具有相似的药代动力学特征。

　　血浆虾青素主要存在于极低密度脂蛋白/乳糜微粒（VLDL/CM）部分（占总虾青素的36%～64%），其余的分布在高密度脂蛋白（HDL）和低密度脂蛋白（LDL）之间。该研究结果与角黄素的研究结果一致，其中 23.4%±2.9%的角黄素在单次摄入后 6 h 内的分布与 LDL 相关。研究显示，VLDL/CM 组分中甘油三酯和虾青素出现的时间历程一致。最早的两个峰值可能是淋巴液流动速度的变化造成的。虾青素在 VLDL/CM 和血浆中的动力学不相似，其原因是血浆反应不可能区分新吸收的类胡萝卜素和内源性来源的类胡萝卜素。脂蛋白组分中虾青素的动力学以及 VLDL/CM 和 LDL 中虾青素含量的快速增加与单次食用辣椒汁后 12 h 内血浆中角黄素和辣椒红素的变化相似。在乳糜微粒中与全 E-β, β-胡萝卜素相比，维生素 E 摄食后对叶黄素、玉米黄素有较好的吸收，最大吸收时间为 9 h，从 9 h 到 12 h 有明显下降。在另一项体外生物乳剂模型研究中，更多的极性类胡萝卜素（如虾青素）在脂滴磷脂表面被溶解，而极性类胡萝卜素与甘油三酯内核相关联。极性类胡萝卜素在生物乳胶状脂蛋白之间的转运较非极性类胡萝卜素容易，而极性类胡萝卜素需要脂肪酶分解甘油三酯。试验过程中血浆蛋白组分中不同虾青素 E/Z 异构体的相似分布可能表明异构体的选择与消化过程有关，尽管也可能发生异构化。为了在消化过程中获得更多的异构化信息，需要对服用过纯净虾青素 E/Z 异构体的个体的血液进行分析（Østerlie et al.，2000）。

第三章　虾青素的功能

　　虾青素目前已被广泛开发应用于食品、医药、化妆品及饮料等的生产。虾青素虽然是一种类胡萝卜素，但某些生物学作用远比其他类胡萝卜素强。类胡萝卜素的分子含有多个双键的发色团，使之能吸收紫外光并对氧化降解特别敏感，因此类胡萝卜素具有明显的抗氧化性质和功能。虾青素是一种非维生素 A 原的类胡萝卜素，在动物体内不能转化为维生素 A，但它有极强的抗氧化性能，能清除体内自由基，调节减少这些由光化学导致的伤害，对紫外线引起的皮肤癌有很好的治疗效果。虾青素还能显著地促进淋巴结抗体的产生，特别是与体内的 T 细胞相关抗原的抗体产生。在食品上，其不仅可以着色，还可有效地起到保鲜和防止变色、变味、变质的作用。含虾青素的红色油剂既可用于蔬菜、海带和水果的着色，也可用于饮料、面条、调料的着色。虾青素的抗光敏作用较 β-胡萝卜素更强，国外有含虾青素的化妆品专利，医药及食品工业利用虾青素的抗氧化作用、抗炎症作用及免疫促进作用来作为药物预防氧化性组织损伤和配制保健食品。同时由于虾青素有艳丽的红色，并可与肌动蛋白非特异性结合，加入水产饲料中可以改善养殖鱼类的皮肤及肌肉的色泽。另外虾青素对鱼类的生长繁殖具有很重要的作用，可促进鱼卵受精，减少胚胎发育的死亡率，促进个体生长，增加成熟速度和生殖力，增加鱼类的抗病能力；虾青素还可作为营养物质促进家禽的生长和提高产蛋率。

第一节　抗氧化活性

　　自由基已经在人类一百多种疾病中被发现，包括关节炎、失血性休克、动脉硬化、衰老、许多组织缺血再灌注损伤、中枢神经系统损伤、胃炎、肿瘤促进和癌变、艾滋病等。这些疾病意味着，大多数人类患病的组织和细胞损伤伴随着自由基的形成。在大多数情况下，自由基及其代谢产物因对组织损伤的作用，导致多阶段癌变的发生和促进，最终导致癌症。最近的研究表明，环境污染物能促使机体产生大量自由基，导致脂质过氧化前致癌物的蛋白质和 DNA 活化，抑制细胞的抗氧化防御系统，巯基耗竭，钙稳态改变，诱导基因表达和异常蛋白质的变化。暴露于致癌物质以及在应激条件下，自由基的生成也会增强。抗氧化剂/自由基清除剂在肿瘤促进/癌变的起始和促进/增殖/转化阶段起抑制作用，保护细胞免受氧化损伤。抗氧化剂已被证明可以抑制癌变的起始和扩散,并抑制细胞的永生化和转化。有相当多的证据表明,抗氧化营养素,包括维生素 C、维生素 E 和 β-胡萝卜素,可维护健康使自由基诱导疾病的发病率降低。

食用水果和蔬菜已多次被证明可以预防人类和动物的一些疾病的发生。蔬菜、水果和种子来源丰富的维生素 C、维生素 E、β-胡萝卜素和蛋白酶抑制剂,可以保护机体免受自由基诱导的损伤和疾病。据报道,一些植物含有对肿瘤具有预防作用的化合物,如生物碱、紫杉醇、吲哚衍生物、植物酚类物质、生物黄酮类、原花青素、虾青素、植物雌激素等(Bagchi et al., 1997)。

一、活性比较

虾青素可以用来抵御单线态氧对眼睛和皮肤健康的损害,因为这些部位尤其容易受到紫外线损伤和衰老的影响。单线态氧是人体皮肤暴露在紫外线辐射下产生的一种活性氧,会对皮肤和眼睛造成伤害。采用从雨生红球藻中提取的虾青素对单线态氧进行了猝灭处理,结果表明(图 3-1),虾青素的猝灭效果是辅酶 Q_{10} 的 800 倍,比 α-脂肪酸大 75 倍,比绿茶儿茶素大 550 倍,比维生素 C 大 6000 倍(Nishida et al., 2007)。

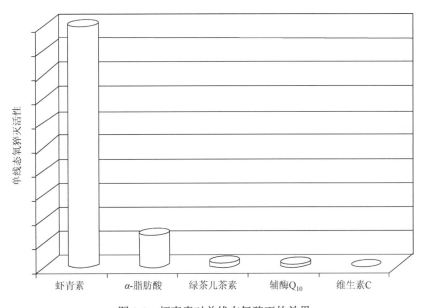

图 3-1　虾青素对单线态氧猝灭的效果

虾青素可以通过分子结构中的长碳链来吸收单线态氧的受激能量,虽然分子被降解,但却保护了其他的分子或组织免受损伤,如保护生物膜上的磷脂和脂类分子不受过氧化反应的破坏，因此虾青素的抗氧化特性被认为在防治很多疾病中起关键作用。虾青素可清除 NO_2、硫化物、二硫化物，也可抑制脂质过氧化作用，保护磷脂酰胆碱脂质免受过氧化基团氧化，整合到膜系统中的虾青素也表现出对脂质体的保护作用。将虾青素添加到鼠肝微粒体，可有效地抑制自由基引发的脂质过氧化作用，显著降低脂质过氧化物累积。研究表明虾青素在鲑鱼鱼体肌肉中发生还原代谢，生成玉米黄素，而且雌鱼体中玉米黄素和 4-酮玉米黄素的代谢速率比雄鱼快得多。虾青素经过消化道吸收后，由血浆脂蛋白运输。以虾青素（80 mg/kg）饲喂的虹鳟鱼血清中虾青素浓度达 9.04 μg/mL，全部分布于血浆脂蛋白中。

研究发现（表 3-1），虾青素清除自由基的能力最强，且类胡萝卜素中羟基和酮基的存在与数目对清除自由基十分重要。从表 3-2 数据可以看出，类胡萝卜素猝灭单线态氧的能力与其共轭双键的数目有关，末端紫罗酮环作用不明显。含有 4,4′-二羟基的物质（如虾青素和角黄素）能提高猝灭单线态氧的能力，番茄红素猝灭单线态氧的能力最强，是维生素 E 的 100 倍，而谷胱甘肽的反应速率只有维生素 E 的 1/125（表 3-2）。但需指出的是，生物体内的环境与试验条件有一定的差异，化学试验的结果并不能准确反映生物体内的真实情况。类胡萝卜素既能给自由基提供电子，又可与自由基结合形成加合物，终止链式反应，避免细胞组分（脂质、蛋白质、核酸等）受到自由基的伤害（李浩明和高蓝，2003）。

表 3-1　几种类胡萝卜素的半数效应剂量（ED_{50}）比较

类胡萝卜素	ED_{50} 值/(nmol/L)
虾青素	200
玉米黄素	400
角黄素	450
叶黄素	700
金枪鱼黄素	780
β-胡萝卜素	960
维生素 E	2940

表 3-2　几种抗氧化剂的抗氧化潜力

抗氧化剂	双键数	末端环数	猝灭单线态氧的速率/[kg/(L·mol·s)]	相对速率
番茄红素（lycopene）	11	0	3.1×10^{10}	103
γ-胡萝卜素（γ-carotene）	11	1	2.5×10^{10}	83
虾青素（astaxanthin）	11	2	2.4×10^{10}	80
角黄素（canthaxanthin）	11	2	2.1×10^{10}	70

续表

抗氧化剂	双键数	末端环数	猝灭单线态氧的速率 /[kg/(L·mol·s)]	相对速率
α-胡萝卜素（α-carotene）	10	2	1.9×10^{10}	63
β-胡萝卜素（β-carotene）	11	2	1.4×10^{10}	47
胭脂素（bixin）	9	0	1.4×10^{10}	47
玉米黄素（zeaxanthin）	11	2	1.0×10^{10}	33
叶黄素（lutein）	10	2	0.8×10^{10}	27
隐黄质（cryptoxanthin）	11	2	0.6×10^{10}	20
藏红花素（crocin）	7	0	0.11×10^{10}	3.7
维生素 E（vitamin E）	—	—	0.03×10^{10}	1.0
硫辛酸（lipoic acid）	—	—	0.0138×10^{10}	0.46
谷胱甘肽（glutathione）	—	—	0.00024×10^{10}	0.008

二、降低脂质过氧化

　　虾青素的抗氧化活性可能是其最广为人知的健康益处，由于其强大的抗氧化能力，多年来一直作为营养补充剂销售。因为大脑易受高代谢活动、儿茶酚胺神经递质等易氧化化合物以及构成细胞膜的多不饱和脂肪酸的影响而产生更多的氧化应激。因此，随着时间的推移，氧化应激会损害大分子并导致神经元功能紊乱。此外，氧化应激既是正常衰老的一个特征，也是许多疾病中都会出现的一种反应。虾青素是一种有效的抗氧化剂，其生物活性是 α-胡萝卜素和 β-胡萝卜素的许多倍。这种强大的抗氧化作用被认为是由于虾青素含有的紫罗兰酮环能更有效地稳定自由基，并与多烯骨架协同作用。通过多种机制检测虾青素抗氧化活性，这些机制包括将自由基吸收到多烯链中、提供电子或与活性物质形成化学键。这种抗氧化剂的多功能性是虾青素的一个特点，它使虾青素有别于其他类胡萝卜素。有大量的实验证明了虾青素在体外有减少 ROS 的能力，最近在动物模型中的研究也证明了这些早期发现。虾青素治疗常与氧化损伤标志物减少有关；然而，它的作用机制远远超出了它直接清除自由基的能力。有证据表明，虾青素可以提高或促进内源性抗氧化酶（包括超氧化物歧化酶和过氧化氢酶）的水平或活性。这一观察结果与神经退行性变性和年龄的增长有关，因为这些分子的效率随着年龄的增长而降低。超氧化物歧化酶、过氧化氢酶和其他抗氧化物在保护脑组织免受活性氧损伤方面有特别的功效。有报道称，补充虾青素还可以刺激硫氧还蛋白还原酶（TrxR）、血红素加氧酶 1（HO-1）和核转录因子红细胞相关因子 2（Nrf-2）的表达，而这些因子与体内抗氧化应激的细胞的保护有关。用虾青素（2 mg/kg）处理小鼠，1个月时虾青素增加了脑结构中超氧化物歧化酶和过氧化氢酶的活性，并增加了还原型谷胱甘肽（GSH）的水平。研究还发现，虾青素治疗降低了脂质过氧化，表现为在额叶皮层、海马区、小脑和纹状体等区域丙二醛（MDA）和高级蛋白氧化产物（APOP）水平较低。综上所述，这些发现说明虾青素能靶向多个内源性抗氧化分子（Grimmig et al.，2017）。

虾青素对缺乏维生素 E 的大鼠线粒体免受铁离子催化脂质过氧化损伤也具有保护作用。虾青素对线粒体脂质过氧化的抑制作用强于维生素 E。薄层色谱分析表明，虾青素能明显抑制维生素 E 缺乏大鼠红细胞磷脂成分中 Fe^{2+} 和 Fe^{3+} 的表达，抑制铁黄素/黄嘌呤氧化酶系统磷脂成分的表达。角叉菜胶诱导的足部炎症也被虾青素显著抑制。这些数据表明虾青素在体内和体外都是一种有效的抗氧化剂（Kurashige et al.，1990）。

三、清除活性氧

不同的类胡萝卜素对 $^1O_2$ 的解毒能力不同，虾青素在体外和体内都比胡萝卜素有效。然而，在一些试验中，只有合成的游离虾青素被用来评价其抗氧化能力。因此，共轭双键（C=C）数是最有效的参数，因为类胡萝卜素的活性随着类胡萝卜素中共轭双键数的增加而增加。其次是类胡萝卜素的羰基（C=O）和羟基（—OH）对其活性很重要，推测这源于类胡萝卜素与产生 $^1O_2$ 的亚甲基蓝或实验中使用的溶剂之间的疏水性。一项研究发现，检测的类胡萝卜素中共轭双键的数量为 11，推测类胡萝卜素的猝灭能力的差异应该与两个离子环中的基团有关。虾青素的两个离子环中都有两个亲水基团（C=O 和—OH），而胡萝卜素没有。因此，随着溶剂疏水性的增加，虾青素的 $^1O_2$ 猝灭活性降低，而胡萝卜素增加。在雨生红球藻中，大多数虾青素以酯化与脂肪酸形式存在，脂肪酸的 β-紫罗兰酮环中既具有亲水基团又有疏水性酯，游离虾青素酯化可以弥补疏水条件下游离虾青素抗氧化活性的降低。换句话说，虾青素酯的酯类部分可以作为稳定剂，在亲疏水条件下保持较高的抗氧化能力。在亲水和疏水溶剂中，虾青素酯的活性被抑制50%时的浓度（IC_{50}）值低于其他的类胡萝卜素酯，且虾青素酯均能持续抑制 $^1O_2$ 的脂质过氧化。因此，当细胞处于休眠期时，雨生红球藻积累的虾青素酯可有效地在细胞质和脂质膜区起到抗氧化作用，保护细胞免受环境氧化应激（Kobayashi and Sakamoto，1999）。

通过测量细胞提取物或整个细胞抑制 O_2^- 介导的亚硝酸盐形成的能力可评价雨生红球藻的抗氧化活性。包囊细胞可能缺乏清除活性氧所需的酶（如超氧化物歧化酶）或低分子量抗氧化剂（如维生素 C 和谷胱甘肽），位于胞质脂滴和包囊膜质区域的虾青素可以弥补这些酶和抗氧化剂的缺乏。此外，虾青素还能防止甲基紫产生的活性氧对包囊细胞的氧化损伤。类胡萝卜素和 O_2^- 在没有活性氧参与的情况下不会直接相互反应。因此，虾青素可能通过与来自 O_2^- 的活性氧自由基反应而发挥抗氧化作用，在细胞质和脂质膜中提供抗氧化保护。一般来说，类胡萝卜素在光合生物中有两个重要作用。首先，它们作为辅助采光色素，捕获光能并将其传递给叶绿素。其次，也是更重要的一点，类胡萝卜素可以保护光合成装置免受光介导的胁迫，如通过猝灭光氧化产生的 $^1O_2$。在绿藻 *D. bardawil* 中，已经发现光合作用产生的活性氧物种 O_2^-（及其产物）和 $^1O_2$ 参与了 β-胡萝卜素的生物合成，类胡萝卜素的积累可以保护光合作用器官抵抗氧化应激。

类胡萝卜素在体外和体内清除/猝灭多种活性氧，如 $^1O_2$、O_2^-、H_2O_2、过氧自由基和羟基自由基（HO·）。在非光合作用的耐辐射球菌（*Deinococcus radiodurans*）、真菌镰索菌（*Fusarium aquaeducum*）、胶红酵母（*Rhodotorula mucilaginosa*）和红发夫酵母（*Phaffia rhodozyma*）中，类胡萝卜素对试验性诱导的氧化损伤具有保护作用。耐辐射球菌的红色菌株对 HO·具有抗性，而无色菌株对 HO·具有明显的敏感性。在镰索菌中，H_2O_2 在黑暗中诱导类胡萝卜素的生物合成，而这一过程通常只有在光照下才会发生。在胶红酵母中，β-胡萝卜素保护细胞免受 O_2^- 的侵害。在红发夫酵母中，Schroeder 和 Johnson（1995）报道了几种活性氧（$^1O_2$、O_2^-、H_2O_2 和过氧自由基）调节虾青素的生物合成。虾青素在酵母中具有抗氧化应激的保护作用。将超氧化物歧化酶抑制剂叠氮化物添加到 *D. bardawil* 中，可显著增强 β-胡萝卜素的生物合成，抑制活性氧的积累。因此，细胞内 β-胡萝卜素可与超氧化物歧化酶共同作用，使衰老细胞在继续产生氧自由基的情况下保持生存能力。雨生红球藻有两种抗氧化机制，一种是营养细胞中的抗氧化酶，另一种是包囊细胞中的抗氧化虾青素。雨生红球藻在其生命周期中可能从一种抗环境氧化应激的防御系统转变为另一种。综上所述，虾青素的生物合成可能是一种对包囊细胞氧化应激的适应性反应。藻类已经形成一种有效的防御系统，帮助它在进化过程中在环境不利的条件下生存（Kobayashi et al.，1997）。

四、减轻氧化损伤

虾青素优异的抗氧化活性可能涉及末端环部分的独特结构，除了共轭多烯链捕获自由基外，末端环部分也可以捕获自由基。末端环上，C3 甲基的氢原子被认为是一个自由基捕获位点。有研究数据显示，虾青素确实被吸收和运输到小鼠骨骼肌与心脏，尽管大多数膳食类胡萝卜素主要积累在肝脏和血浆中，分发给其他外围组织相对较少，包括骨骼肌和心脏。虾青素具有独特的药代动力学特性，非常适用于减轻腓肠肌和心脏的氧化应激。运动产生 ROS 的主要来源是线粒体电子传递链、黄嘌呤氧化酶和吞噬细胞。吞噬细胞是一个特别重要的来源。氧化损伤和吞噬浸润发生在运动后延迟一段时间的同一时间点，是迟发性损伤。通过测定4-羟基壬烯醛（4-HNE）修饰蛋白和8-羟基脱氧鸟苷（8-OHdG）作为脂质和DNA氧化损伤的标志物，发现虾青素可以减轻运动引起的腓肠肌和心脏的氧化损伤。据报道，虾青素在防止溶液和各种生物膜系统中的脂质过氧化方面比维生素E和 β-胡萝卜素等其他抗氧化剂更有效。髓过氧化物酶（MPO），一种中性粒细胞特有的酶，在运动后24 h在腓肠肌和心脏中增加。此外，运动后24 h血浆肌酸激酶（CK）活性也有所增加。CK主要存在于肌肉中，运动后血浆CK浓度的测量是肌肉损伤的常用指标。许多研究表明，运动后延迟时间点血浆CK水平升高，说明这种升高与炎症反应密切相关。与单纯运动组相比，饲粮中的虾青素不仅能减少氧化代谢物，还能降低肌肉MPO活性和血浆CK活性。中性粒细胞浸润到细胞表达趋化因子、细胞因子和黏附分子的组织中，这些分子主要受NF-κB和AP-1调控。通常，这些氧化还原敏感转录因子可以定位于细胞质；在ROS等应力的刺激下，它们进入细胞核并附着在DNA的结合位点上。因此，可认为虾青素通过清除激活这些转录因子的ROS来抑制这些转录因子的活性；这降低了炎症介质的表达，减少了中性粒细胞，减少了迟发性损伤，包括进一步的氧化损伤。试验中的虾青素可以减轻腓肠肌和心脏组织中脂质和DNA的氧化损伤，还可以减少CK向血浆的渗漏。此外，这种治疗抑制了中性粒细胞向组织的浸润。因此，虾青素通过直接清除ROS和下调炎症反应来减轻运动诱导的损伤（Aoi et al.，2003）。

五、对自由基的清除作用

在浓度为10 μg/mL时，两种抗氧化剂虾青素和维生素E对羟基自由基的清除率相差较小。浓度增加到50 μg/mL时，维生素E的清除率达到70.3%，而虾青素的清除率高达96.0%。总之，在浓度相同的情况下，虾青素对羟基自由基的清除能力明显高于维生素E的清除能力。在浓度10 μg/mL时，虾青素对DPPH自由基的清除率就已接近70%，随着浓度的增加，清除率也呈明显上升趋势。浓度达到80 μg/mL时，两种抗氧化剂对DPPH自由基的清除已基本完全，维生素E的清除率为98.1%，而虾青素也已达到97.0%，在各浓度梯度下维生素E对DPPH自由基的清除率略高于虾青素（陈晋明等，2007）。

ROS在无机汞引起的急性肾功能衰竭中被认为是组织损伤的介质。当向大鼠注射 $HgCl_2$（0 mg/kg体重或5 mg/kg体重），虾青素（0 mg/kg、10 mg/kg、25 mg/kg或50 mg/kg）灌胃6 h后，$HgCl_2$暴露12 h后处死。虾青素虽然能抑制肾内 $HgCl_2$引起的脂质和蛋白氧化的增加，减轻其组织病理学改变，但不能抑制 $HgCl_2$引起的血浆肌酐升高和 δ-氨基乙酰丙酸脱水酶活性。与对照组相比，$HgCl_2$处理大鼠的谷胱甘肽过氧化物酶和过氧化氢酶活性增强，超氧化物歧化酶活性降低，虾青素可预防这些作用。该研究结果表明，虾青素可以抑制脂质和蛋白氧化、抗氧化酶活性的变化和组织病理学的变化，对 $HgCl_2$ 毒性具有有益的作用（Augusti et al.，2008）。

六、异构体活性

人血浆中存在虾青素的三种异构体（全反式：9-顺式：13-顺式＝92：3：5），全反式是血浆中虾青素的主要异构体，而 9-顺式和 13-顺式虾青素的比例要低得多。研究也发现血浆中均可检测到这三种虾青素异构体，然而，小鼠主要的虾青素异构体是 13-顺式（＞70%）异构体。虾青素三种异构体的抗氧化活性是存在差异的，其中 9-顺式活性最高，13-顺式活性高于全反式。这些数据显示了不同物种间虾青素异构化的差异，这可能对补充虾青素成分的生物活性有影响。过量的 ROS 通过导致心脏损伤而损害心脏健康；而抗氧化剂不仅可以减轻氧化损伤，还可以提供心脏保护作用。采用 0.08%虾青素处理 8 周后，小鼠左心室短轴缩短率（FS）和心脏线粒体膜电位（MMP）明显升高，表明虾青素可能对心功能有一定作用。有害 ROS 的初始阻断是保护细胞的重要因素，这在人类神经母细胞瘤细胞中得到了证实，这一作用最有可能阻断丝裂原激活蛋白激酶（MAPK）P38 凋亡信号。MMP 的降低导致细胞色素 c 从受损线粒体中释放，从而激活胱天蛋白酶 3（caspase-3），进而导致细胞凋亡。虾青素的积累减少了人类血管细胞膜上线粒体中 ROS 的释放和 NF-κB 基因表达。氧化应激过程中，GSH 浓度可能由于 GPx 活性降低而升高，但虾青素对这些变量没有显著影响，说明虾青素的作用不是通过 GSHt/GSSG 介导的。血浆中炎症细胞因子升高也与心血管疾病有关。研究显示，在心脏组织中白介素-1α（IL-1α）能诱发胶原蛋白降解和组织重构,虾青素不会影响等离子 IL-1α 和 IL-6 的浓度；相反，膳食后血浆中肿瘤坏死因子 α（TNF-α）浓度下降。TNF-α 在啮齿动物心血管疾病的病理生理学和毒性表达中均增加，等离子对 TNF-α 的抑制表明虾青素对心血管有一定的改善作用。在肝脏炎症刺激下，急性期蛋白血清淀粉样蛋白 A（SAA）的产生，如 IL-1α、IL-6 和 TNF-α，与心血管疾病的发病机制有关。研究发现血浆 SAA 浓度随虾青素的补充呈下降趋势。虽然 IL-6 水平升高，但 SAA 水平没有随之升高。FS 存在剂量依赖性，趋向于随等离子 IL-1α、TNF-α 和 SAA 的含量下降而变小。综上所述，膳食虾青素在化疗过程中可能发挥的作用不仅在于其对抗氧化应激的能力，还在于其对心脏的保护作用（Nakao et al.，2010）。

七、单酯活性

1. 对自由基的清除能力

有研究显示,虽然虾青素单酯、虾青素和维生素 E 均具有较强的抗氧化活性,对 DPPH、$ABTS^+$、·OH 自由基的清除能力均随浓度的增加而增强,但三者对同一种自由基的清除能力不同。虾青素对 DPPH 自由基的清除能力最强,其 EC_{50} 值为(7.01 ± 0.10)μg/mL;维生素 E 对 DPPH 自由基的清除能力次之,其 EC_{50} 值为(12.47 ± 0.08)μg/mL;虾青素单酯对 DPPH 自由基的清除能力最弱。对 $ABTS^+$ 自由基的清除能力,虾青素最强,虾青素单酯次之,维生素 E 最弱,EC_{50} 值分别为(4.83 ± 0.26)μg/mL、(7.09 ± 0.20)μg/mL 和(16.20 ± 0.93)μg/mL,并且存在显著性差异。虾青素单酯对·OH 自由基的清除能力最强,其 EC_{50} 值为(11.08 ± 0.76)μg/mL;虾青素对·OH 自由基的清除能力次之,其 EC_{50} 值为(12.37 ± 0.05)μg/mL;维生素 E 对·OH 自由基的清除能力最弱。

虾青素和虾青素单酯之所以有很强的自由基清除能力,这与它们的化学结构有关。虾青素分子结构不仅和其他类胡萝卜素一样具有很长的共轭双键链,而且在共轭双键链的末端还有不饱和的酮基和羟基,酮基和羟基又构成 α-羟基酮。这些结构都具有较活泼的电子效应,能向自由基提供电子,从而清除自由基。

2. 铁离子还原能力

在铁离子还原能力的试验中,虾青素单酯和虾青素每隔 10 min 测一次,在 90 min 时吸光度达到最大,反应达到终点;维生素 E 每隔 20 min 测一次,在 120 min 时吸光度达到最大,反应达到终点。研究显示,虾青素单酯、虾青素和维生素 E 的铁离子还原能力(FRAP)分别为(0.236 ± 0.021)mmol/L、(0.541 ± 0.008)mmol/L 和(0.454 ± 0.004)mmol/L,因此铁离子还原能力强弱为:虾青素强于维生素 E,维生素 E 强于虾青素单酯,且三者之间差异性显著($P < 0.05$)。

铁离子还原能力试验是测定抗氧化物总还原能力的一种常用方法,抗氧化剂将三价铁和三吡啶基三嗪(TPTZ)的络合物还原为二价铁的产物,根据颜色的变化测定还原能力的大小。从该结果推测,铁离子还原作用中主要是羟基和酚羟基结构在起作用,而虾青素酯的羟基被酯化,因此虾青素单酯的铁离子还原能力要弱于虾青素和维生素 E。

3. 抗氧化作用

相对于空白组,虾青素单酯、虾青素和维生素 E 均对油脂过氧化产生了一定的抑制作用,其中虾青素单酯和虾青素对油脂的抗氧化作用相对于最终空白组

[（15.60±1.04）meq/kg]效果显著，5 d 以后的过氧化值分别为（7.32±1.53）meq/kg和（6.79±0.50）meq/kg，且两者之间没有显著性差异，过氧化值减少一半以上。维生素 E 试验组中，5 d 之后过氧化值为（8.79±0.92）meq/kg，相对于空白组，抗氧化效果显著，但要弱于虾青素单酯和虾青素试验组。

试验结果中，虾青素和虾青素单酯试验组的油脂抗氧化效果要优于维生素 E 试验组，产生这种结果的原因可能是，与维生素 E 相比，虾青素和虾青素单酯分子中有更多的不饱和双键与可置换结构，这些结构发挥了很好的油脂抗氧化作用，而维生素 E 是长链的饱和烃基结构；同时，虾青素和虾青素单酯因为具有相同的碳链骨架，两者的油脂抗氧化能力没有显著性差异。

虾青素单酯对酪氨酸酶有一定的抑制作用，在浓度达到 800 μg/mL 时，对酪氨酸酶的抑制率达到 39.48%。熊果苷作为公认的有效的酪氨酸酶抑制剂阳性对照，在浓度 200 μg/mL 以上时，抑制率随着浓度增大呈现线性关系，IC$_{50}$ 值为 175.3～510.56 μg/mL。

许多研究证明，虾青素酯可以抑制由紫外线照射而引起的皮肤色素沉着，起到美白作用，通过抑制酪氨酸酶的合成来减少黑色素和预防皮肤癌的发生。研究结果表明，虾青素单酯和双酯都有很好地抑制皮肤癌的活性，紫外-二甲基苯并蒽（UV-DMBA）被认为是能够产生大量自由基和酪氨酸而导致色素沉淀与皮肤癌的关键物质，虾青素酯通过对 UV-DMBA 的抑制能够有效治疗色素沉着和预防皮肤癌的发生。在小鼠体内试验中，注射样品浓度为 200 μg/kg 时，虾青素单酯和虾青素双酯对 UV-DMBA 的清除率分别为 96% 和 88%，均高于虾青素（66%）和其他类胡萝卜素（85%）；当虾青素单酯浓度达到 400 μg/mL 以上时，对酪氨酸酶的抑制率可达 38% 以上，虾青素单酯对酪氨酸酶的抑制作用的机理及其应用值得进一步研究。

4. 对胰脂肪酶的抑制作用

试验结果表明，虾青素单酯对胰脂肪酶有较好的抑制作用，在浓度为 16 μg/mL以上时，抑制率达到 70% 以上，IC$_{50}$ 值为（9.85±0.02）μg/mL；阳性对照奥利司他有极强的胰脂肪酶抑制作用，抑制能力显著强于虾青素单酯，IC$_{50}$ 值为（0.04±0.01）μg/mL。

胰脂肪酶是脂肪在体内水解过程中的关键酶，抑制胰脂肪酶的活性，能有效抑制脂肪的水解和吸收，从而达到防治肥胖的作用，因此胰脂肪酶抑制剂作为抗肥胖药物的发展和应用已受到人们的关注。虽然奥利司他胰脂肪酶抑制剂有很好的效果，已作为抗肥胖药物在临床上广泛应用，但是奥利司他是一种半合成药物，长期使用会出现腹泻、脂肪便、胀气等副作用。因此，虾青素单酯作为一种天然来源且无毒副作用的新型胰脂肪酶抑制剂需要更深入的研究（王凯，2016）。

第二节　抗肿瘤和增强免疫功能

一、抗肿瘤功能

多项研究表明虾青素在哺乳动物体内具有抗癌活性（Haung et al.，2020）。虾青素通过降低化学诱导膀胱癌的发生率，保护小鼠免患膀胱癌。喂食致癌物质且补充虾青素的大鼠与只喂食致癌物质的大鼠相比，口腔中不同类型癌症的发生率显著降低。虾青素的保护作用甚至比 β-胡萝卜素更明显。此外，喂食虾青素的大鼠与仅喂食该致癌物的大鼠相比，结肠癌的发生率显著降低（$P<0.001$）。饮食中的虾青素也能有效对抗乳腺癌，它能使诱发的乳腺肿瘤的生长减少50%，比 β-胡萝卜素和角黄素更有效。虾青素能抑制与前列腺生长有关的 5α-还原酶，补充虾青素可作为治疗良性前列腺增生和前列腺癌的方法。最近，研究发现在大鼠体内补充虾青素可抑制肿瘤应激诱导的自然杀伤细胞。如前所述，虾青素的抗癌活性可能与类胡萝卜素在细胞间隙连接处的通信作用有关，这可能与减缓癌细胞的生长、诱导异种生物代谢酶或调节机体对肿瘤细胞的免疫反应有关。

肝脏是一个复杂的器官，发生强烈的分解代谢和合成代谢。肝功能包括脂质主动氧化产生能量、污染物的解毒，以及致病菌、病毒和死亡红细胞的破坏。这些功能可以导致自由基和氧化副产物的大量释放，因此保护肝细胞免受氧化损伤是很重要的（Ma et al.，2020）。虾青素在保护大鼠肝细胞免受脂质过氧化侵害方面比维生素E有效得多。虾青素还能在大鼠肝脏中诱导异种生物代谢酶，这一过程有助于预防癌症的发生。虾青素可诱导肺和肾内的异种生物代谢酶（Guerin et al.，2003）。

虾青素是一种不含维生素A活性的类胡萝卜素，可通过增强免疫反应发挥抗肿瘤活性。通过测定饲喂虾青素对甲基胆蒽诱导的纤维肉瘤（metha瘤）细胞的肿瘤生长和肿瘤免疫的影响，发现在接种前1周和3周开始补充虾青素时，喂食虾青素的小鼠肿瘤体积和质量明显低于对照组。在虾青素喂养的小鼠中，这种抗肿瘤活性与肿瘤引流淋巴结（TDLN）和脾脏细胞产生更高的细胞毒性T淋巴细胞（CTL）活性及干扰素-γ（IFN-γ）变化趋势相一致。接种前3周，喂食虾青素的小鼠TDLN细胞的CTL活性最高。在肿瘤接种的同时开始补充虾青素的饮食时，除了脾脏细胞产生IFN-γ外，小鼠肿瘤体积、质量和CTL活性均未被饮食中的虾青素改变。给小鼠喂食虾青素（0.02%）4周后，其血清总虾青素浓度约为1.2 mmol/L，且与补充虾青素的时间长短相关。结果表明，饲粮中虾青素能抑制甲氧基肿瘤细胞的生长，促进机体对甲氧基肿瘤抗原的免疫反应（Jyonouchi et al.，2000）。

β-胡萝卜素及相关类胡萝卜素（如角黄素、虾青素）对小鼠免疫功能细胞的增殖等也有显著增强作用。β-胡萝卜素、角黄素和虾青素引起的刺激影响小鼠脾细胞多克隆抗体（如 IgM 和 IgG）的生产。虾青素的免疫调节活性最高，β-胡萝卜素的免疫调节活性最低，而角黄素的免疫调节活性中等，这些免疫调节活性似乎与抗氧化和氧自由基清除活性的等级相对应（Okai and Higashi-Okai，1996）。

富含虾青素的雨生红球藻对 HCT-116 结肠癌细胞的生长也有抑制作用。25 μg/mL 雨生红球藻（5 mL）的剂量可抑制细胞生长，通过促进细胞凋亡阻断细胞周期进程。在 25 μg/mL 的雨生红球藻中增加 P53 后，P21^{WAF-1}、P21^{CIP-1} 和 P27 的表达分别为 220%、160% 和 250%，与此同时细胞周期蛋白 D1 的表达减少了 58%，一种蛋白激酶磷酸化减少了 21%。同时，在相同浓度下，通过改变促凋亡蛋白 Bax/Bcl-2 和 Bcl-XL 的比值，加快了细胞凋亡，使 P38、Jun 激酶（JNK）和胞外调节激酶 1/2（ERK1/2）的磷酸化水平分别提高了 160%、242% 和 280%。雨生红球藻对 HT-29、LS-174、WiDr、SW-480 细胞也表现出抑制生长作用，且可预防结肠癌。

同时，富含虾青素的雨生红球藻提取物在体外作为有效的生长抑制剂，证实了虾青素在体内具有抗肿瘤作用。纯化虾青素对不同肿瘤细胞的生长有抑制作用，包括结肠癌、口腔纤维肉瘤、乳腺癌细胞、前列腺癌细胞和胚胎成纤维细胞。雨生红球藻对 HCT-116 细胞生长的抑制与 G_0/G_1 期细胞周期进程减慢有关。嗜银蛋白（AgNOR）计数和溴化脱氧尿嘧啶核苷（BrdUrd）标记指数显示，纯化的虾青素可抑制非病灶和肿瘤鳞状上皮细胞增殖，并在 G_0/G_1 期抑制细胞周期进展。也有数据显示，叶黄素和 β-隐黄质能抑制 A549 细胞的生长，隐藻黄素通过在 G_1/G_0 期阻止细胞周期，以剂量依赖性的方式抑制非小细胞肺癌细胞系和 BEAS-2B 细胞永生化人支气管上皮细胞系的生长。细胞周期进程在 G_0/G_1 期的阻滞可能与细胞周期蛋白 D1 的下调有关，细胞周期蛋白 D1 参与了细胞周期这一阶段的控制，同时还伴随着 P53 和细胞周期蛋白激酶抑制剂（包括 P21$^{WAF-1/CIP-1}$ 和 P27）的上调。众所周知，细胞周期蛋白 D1 是一种致癌基因，在几个癌细胞系中过度表达。有趣的是，其他类胡萝卜素，包括角黄素和番茄红素，已经被报道通过抑制细胞周期进程和细胞周期蛋白 D1 表达来抑制肿瘤细胞生长。最近发现 β-胡萝卜素可以调节 P53 和 P21$^{WAF-1/CIP-1}$。特别是类胡萝卜素能够诱导 P21$^{WAF-1/CIP-1}$ 的表达增加，并在 G_0/G_1 期时阻滞细胞周期的进展。据报道，β-隐黄质能持续地抑制肺癌细胞生长，抑制细胞周期蛋白 D1 和细胞周期蛋白 E 的蛋白质含量，并调控细胞周期抑制剂 P21。此外，β-隐藻黄素通过抑制细胞周期和上调 P21$^{WAF-1/CIP-1}$ 的机制抑制癌细胞的增殖。雨生红球藻提取物也能诱导癌细胞凋亡，这种影响只有在高浓度的提取物（15～25 μg/mL）时有效。诱导细胞凋亡的同时，Bcl-2 和 Bcl-XL 的表达降低，它们都是程序性细胞死亡的抑制剂；而 Bax 的表达增加，它是一种促凋亡剂。凋亡相关蛋白的调控是剂量依赖性的，与诱导凋亡密切相关。目前，通过纯化虾青素和富含虾青素的产品诱导癌细胞凋亡的报道较少。然而，有几项研究表明类胡萝卜素可以通过调节细胞凋亡过程中涉及的不同分子通路，起到诱导细胞凋亡的作用。特别是，角黄素和玉米黄素已被证实能强效诱导凋亡，β-胡萝卜素能够减少 Bcl-2 的表达和 Bcl-XL 在结肠癌细胞中的表达。此外，有数据表明类胡萝卜素在不同的试验模型中调节 Bid、Bad、Bcl-XL 和 Bax 的表达。最近有研究推测，抗凋亡蛋白 Bcl-XL 的裂解可能是 β-胡萝卜素诱导细胞凋亡过程中的一个重要的事件，表明在 β-胡萝卜素诱导细胞凋亡过程中存在广泛的反馈放大环。表皮生长因子（EGF）受体的持续表达被认为在肿瘤发生发展和诱导细胞凋亡中发挥关键作用。推断 β-胡萝卜素可以在宫颈发育异常的细胞中通过下调细胞凋亡介导的表皮生长因子受体，预防宫颈癌。值得注意的是，还发现类胡萝卜素和虾青素在下调表皮生长因子结合上比较活跃，表明这种机制独立于转换类维生素 A，可能涉及雨生红球藻对凋亡的影响。

　　一些研究已经将丝氨酸/苏氨酸激酶（AKT）信号通路与细胞凋亡能力的变化联系起来。在试验中，HCT-116 细胞表现出高水平的磷酸化 AKT，这是几种癌细胞的共同特征。在浓度 15 μg/mL 雨生红球藻提取物诱导时，磷酸化 AKT 水平下降，这是提取物对凋亡的影响。最近有证据表明，类胡萝卜素可能调节癌细胞中的 AKT 通路。一项体外研究表明，AKT 通路的调控可能在烟雾条件下番茄红素的促凋亡作用中发挥关键作用。事实上，暴露于香烟烟雾凝析液（焦油）中的 RAT-1 成纤维细胞磷酸化 AKT 水平较高，而暴露于焦油和番茄红素组合中的细胞磷酸化 AKT 水平较低。此外，仅将 RAT-1 成纤维细胞暴露于烟焦油可以诱导 Bad 在 Ser136 位点磷酸化，从而抑制 Bad 介导的细胞凋亡。相反，番茄红素能够完全阻止焦油诱导的 Bad 磷酸化。此外，β-胡萝卜素作为一种强有力的抗肿瘤替代物存在于凹陷蛋白（cav-1）阳性细胞中，但不存在于 cav-1 阴性细胞中，其抑制一种蛋白激酶磷酸化。反过来，β-联蛋白具有刺激细胞凋亡和增加原癌基因的表达的活性，包括 caspase-3、caspase-7、caspase-8、caspase-9。MAPK、JUK 和 ERK 是三种已经被证明可以调节细胞凋亡的主要的激酶。此外，有报道称 MAPK 信号级联在氧化应激诱导的细胞凋亡中发挥重要作用。对 HCT-116 细胞治疗后 24 h，雨生红球藻提取物能显著增加磷酸化形式 P38、JNK 和 ERK1/2 的表达浓度，暗示雨生红球藻提取物在这些蛋白质细胞凋亡中具有一定效果。这一观察结果与类胡萝卜素可能在癌细胞中发挥抗氧化剂和促凋亡作用的研究结果相一致。黄嘌呤还通过其他含氧和非含氧类胡萝卜素调节细胞周期和凋亡相关蛋白。这表明，这种调节是类胡萝卜素抑制癌细胞生长的关键事件，其发生机制与类胡萝卜素转化为类维生素 A 无关。该结果对富含虾青素的褐藻的化学镇痛作用及其在结肠癌中的作用机制的研究具有重要意义。特别是，研究证明了雨生红球藻提取物在一些结肠癌细胞系中是一种有效的细胞生长抑制剂，它可能通过降低细胞周期蛋白 D1 的表达，增加 P53 和一些细胞周期蛋白激酶抑制剂（包括 P21$^{WAF-1/CIP-1}$ 和 P27）的表达来介导其保护作用，从而抑制细胞周期的进展。此外，它可能通过下调 AKT 磷酸化，改变凋亡相关蛋白，包括 Bax、Bcl-2、Bcl-XL 和 MAP 激酶信号通路，促进细胞凋亡。在相同虾青素浓度下，虾青素提取物对细胞生长和凋亡的影响比纯化虾青素更明显，这一观察结果有力地促进了该提取物在人体补充剂中的应用（Palozza et al.，2009）。

抗氧化剂是能够抑制氧化的物质。在慢性病中，炎症反应细胞产生氧自由基。氧自由基会导致 DNA 损伤，这可能会导致致癌的基因修饰。慢性幽门螺杆菌感染会产生 DNA 损伤自由基。近年来，许多研究小组研究了抗氧化剂的作用，尤其是对幽门螺杆菌相关性胃癌的作用。在大多数研究中，幽门螺杆菌感染确实会影响胃液中抗氧化剂的含量，但也存在有争议的结果。最近的试验研究，无论是在体内还是体外，都表明维生素 C 和虾青素不仅是自由基清除剂，而且对幽门螺杆菌也有抗菌活性。研究已经证明虾青素通过将 Th1 细胞转变为 Th2 细胞来改变对幽门螺杆菌的免疫反应。由于很少有试验研究支持流行病学研究，所以还需要进一步的研究来描述抗氧化剂在幽门螺杆菌免疫应答中的作用和机制（Akyön，2002）。

为了研究虾青素、胡萝卜素、维生素 A 预防肿瘤发生的机理，Savoure 以表皮鸟氨酸脱羧酶（ODC）活性和游离的多胺浓度为指标，检测 UVA 和 UVB 辐照前后 SICH 裸鼠表皮的多胺代谢，结果发现试验组 ODC 远低于对照组，且以虾青素组的抑制作用最强，说明虾青素抑制肿瘤发生的效应在于对肿瘤增殖的抑制。也有研究者认为抑制作用还与机体免疫反应、促进 T 细胞对肿瘤细胞的杀伤有关。

Jyonouchi 等通过整体实验观察，发现虾青素、叶黄素、胡萝卜素均显著促进 T 细胞依赖性抗原（TD-Ag）在刺激时的抗体产生及分泌 IgM 和 IgG 的细胞增加。无论体内或体外试验，老年小鼠抗体产生均低于年幼小鼠；补充虾青素可以部分恢复老年小鼠 TD-Ag 反应时的抗体产生水平，叶黄素和胡萝卜素的这一效应较弱，认为补充虾青素等类胡萝卜素有助于恢复老年动物的体液免疫。体外试验还表明，虾青素显著地促进老年小鼠脾细胞 TD-Ag 反应过程中抗体产生，但在 T 辅助细胞（Th）缺乏时，此效应被阻断。

许多研究都证明虾青素在哺乳动物体内有抗癌作用。虾青素可以降低化学诱变剂造成的老鼠膀胱癌的发病率，同时饲喂了致癌剂和虾青素的小白鼠比只饲喂致癌剂的小白鼠的口腔细胞和结肠组织出现不同类型癌变的概率显著降低，这种保护效果比 β-胡萝卜素更明显。进一步的研究发现，用致癌剂和虾青素同时处理的小白鼠克隆细胞的癌变率要比只用致癌剂处理的显著降低（$P<0.01$）。食物中的虾青素在治疗乳腺癌方面同样有效，它可以抑制乳房肿瘤的生长（抑制率＞50%），这一数据高于 β-胡萝卜素和角黄素。虾青素能抑制与前列腺生长有关的 5α-

还原酶的活性，并且虾青素可以用来治疗前列腺增生和前列腺癌。最近研究发现，在小白鼠的饲料中添加虾青素可以抑制因环境压力，肿瘤细胞中有益细胞被杀死的作用（董庆霖，2004）。

Nishino 通过对天然类胡萝卜素及其衍生物抗癌作用的研究发现，虾青素具有较强的抗癌作用。Gradelet 等研究了虾青素等类胡萝卜素对黄曲霉毒素 B1（AFB1）引发的肝致癌作用的影响。给大鼠饲喂 β-胡萝卜素、番茄红素（300 mg/kg）以及过量的维生素 A，腹腔注射 AFB1，同时也注射 3-甲基胆蒽（20 mg/kg），结果发现，虾青素、β-胡萝卜素及 3-甲基胆蒽在降低肝癌病灶的数目和大小方面效果显著，而番茄红素和过量的维生素 A 则无效。这是因为虾青素等对体内的 AFB1 诱导的 DNA 单链断裂有抑制作用，减少 AFB1 和肝 DNA 及血浆白蛋白的结合，同时促进体外 AFB1 代谢为另一种毒性较弱的黄曲霉毒素 M1。给由二乙基亚硝胺（DEN）或 α-硝基丙烷引发肺肿瘤的大鼠饲喂 3～4 周的虾青素，可显著降低肺肿瘤病灶的大小与数目。

用虾青素饲喂试验大鼠和小鼠，能够显著抑制化学物诱导的初期癌变，对暴露于致癌物质中的上皮细胞具有抗癌细胞增殖和强化免疫功能的作用，而且存在剂量效应。虾青素的抗癌活性与其诱导细胞间隙连接通信密切相关，细胞间隙连接通信对细胞的正常增殖分化及组织自身稳定起着重要调节作用。目前，细胞间隙连接通信功能的抑制或破坏被认为是促癌变阶段的重要机制。

二、增强免疫功能

Jyonouchi 等研究了虾青素和类胡萝卜素对小鼠淋巴细胞体外组织培养系统的免疫调节效应，结果表明类胡萝卜素及其衍生物的免疫调节作用与有无维生素 A 活性无关，虾青素表现出更强的作用。体外试验表明，虾青素可显著促进小鼠脾细胞对 TD-Ag 反应的抗体的产生，增强 T 细胞依赖性抗原的体液免疫反应。人体血细胞的体外研究中也发现虾青素和类胡萝卜素均显著促进 TD-Ag 刺激时的抗体产生，分泌 IgG 和 IgM 的细胞数增加。1991 年，Jyonouchi 等使用来自成年志愿者和足月新生婴儿（脐带血）的血液样品，研究虾青素对由外周血液单核细胞在体外产生免疫球蛋白的影响，该研究结果显示了虾青素能促进人体免疫球蛋白的产生。

对虾青素的免疫促进和调节活性进行研究发现，虾青素可以增强辅助性 T 细胞的分泌功能，并且能够增加分泌性细胞的数量；而且虾青素可以增加 IgA、IgG 和 IgM，而这几种抗体都是由 T 细胞依赖的抗原刺激产生的；另外，虾青素等类胡萝卜素还能够增强体液免疫及修复机体免疫功能。

β-胡萝卜素对衰老引起的免疫机能下降的影响研究显示，β-胡萝卜素能够促进老年组动物 T 细胞的增殖，使其与年轻组无显著差异，另外，β-胡萝卜素还能够促进年轻组动物 B 细胞的增殖。

基于上述研究，多种食品和饮料中添加了虾青素以增加 T 细胞和自然杀伤细胞介导的免疫应答反应，缓解压力导致的免疫功能下降。此外，由于虾青素的免疫调节作用，它还被用来治疗自身免疫疾病，如多发性硬化症、风湿性关节炎、克罗恩病等。

通过动物试验研究雨生红球藻软胶囊的增强免疫力功能，设置了 4 个试验组，每组设 167 mg/kg 体重，333 mg/kg 体重和 500 mg/kg 体重 3 个剂量组及食用植物油阴性对照组，每天按 20 mg/kg 体重灌胃 1 次，连续给予 30 d，分别进行小鼠腹腔巨噬细胞吞噬鸡红细胞试验、自然杀伤细胞活性测定、淋巴细胞转化试验、抗体生成细胞试验、血清溶血素测定、迟发性变态反应试验和小鼠碳廓清试验。结果表明，3 个剂量组动物的足跖肿胀度与阴性对照组比较均有显著性差异（分别为 $P<0.05$、$P<0.01$、$P<0.01$），小鼠细胞免疫功能试验结果阳性；3 个剂量组动物的溶血空斑数与阴性对照组比较，中、高剂量组有显著性差异（分别为 $P<0.05$、$P<0.05$），3 个剂量组动物的抗体计数与阴性对照组比较均有显著性差异（分别为 $P<0.01$、$P<0.01$、$P<0.01$），小鼠体液免疫功能试验结果阳性，可以判定雨生红球藻软胶囊具有增强免疫力功能作用（郭艳等，2016）。

第三节　光保护作用

根据辐射剂量的不同，紫外（UV）辐射对人们健康的影响表现出两面性。适量的紫外辐射能够促进细胞中的脱氢胆固醇生成维生素 D_3，杀死存在于皮肤表面的细菌，提高人体的免疫力，对人体的健康有着积极的作用。然而，过量的紫外辐射会引起皮肤的不良反应，如晒黑、晒伤、光老化，甚至是皮肤癌等。

UVA 与各种皮肤疾病的关系密切，近年来的一些研究表明，UVA 可以协调 UVB 加重光老化反应的症状，使得皮肤组织的胶原纤维大量减少、皮肤松弛、肤色暗沉、出现皱纹等。UVA 会被皮肤细胞内的酪氨酸、色氨酸和泛醌等多种有色基团吸收而产生 ROS，从而直接导致 DNA 的损伤，与此同时，这些 ROS 也激活了 MAPK 信号通路，最终造成皮肤细胞的光老化损伤。

人皮肤成纤维细胞（HSF）是真皮层的主要构成成分。紫外辐射后造成的皮肤光损伤主要是引起真皮层胶原的降解，使得皮肤中完整的胶原纤维束的数量不断下降。与此同时，过量的紫外还可能直接导致 HSF 的活性下降，甚至凋亡。紫外辐照剂量不同，真皮层的 HSF 生物性状也会随之发生变化，因此 HSF 对于研究紫外辐照后的光老化有着重要的意义（徐健，2016）。

过度暴露在阳光下会导致晒伤，也会导致光致氧化、炎症、免疫抑制、老化，甚至导致皮肤细胞癌变。临床前研究表明，典型的膳食抗氧化剂，如维生素 E、维生素 C 或 β-胡萝卜素，可以减少这种损害。虾青素被认为可以保护鲑鱼的皮肤和卵免受紫外线光氧化。补充虾青素有助于防止急性紫外光损伤大鼠视网膜光感受器，与 β-胡萝卜素和叶黄素相比，虾青素对紫外线诱导的光氧化的体外保护作用更强。这些结果表明虾青素作为口服防晒剂具有良好的应用前景。虽然饮食中补充 β-胡萝卜素或虾青素已经证明对其他类型的癌症有好处，但这两种化合物的动物或临床研究在皮肤癌方面还没有定论。需要更多的研究来更好地理解各种抗氧化剂之间可能的相互作用及其潜在的促氧化作用，以确定在何种条件下补充虾青素等类胡萝卜素可以帮助减少皮肤致癌（Guerin et al., 2003）。

UVA 辐射对细胞的光毒性反应的诱导已经被证实，发生在包括人类皮肤真皮层在内的多种细胞系中。人皮肤成纤维细胞和黑素细胞尤其容易受到紫外线的诱导，细胞发生改变，包括细胞抗氧化状态的扭曲和 DNA 分子内链的断裂。这些生理变化被认为是由于细胞氧化还原电位在光敏化过程中通过产生 ROS 而改变的结果。

抗氧化剂有很强的抑制 ROS 的能力。使用彗星试验对含有虾青素的天然海藻提取物对 UVA 诱导的三个细胞系（CaCo-2、1BR-3 和 HEMAc 细胞）中 DNA 损伤的保护能力进行检测，结果发现，在所有三个细胞系中，UVA 的生理相关剂量（$22\ \text{J/cm}^2$）照射导致单链断裂的时间依赖性增加，其损伤顺序为 HEMAc＞1BR-3＞CaCo-2。将合成虾青素（99.5%纯度）作为阳性对照，研究结果发现，无论选择何种浓度，海藻虾青素均具有显著的保护作用，但只有海藻虾青素的最高浓度才能显著降低 1BR-3 和 HEMAc 细胞单链断裂的诱导。在 CaCo-2 细胞模型中也发现了类似的结果。已知人皮肤成纤维细胞中 GSH 和 SOD 的浓度分别为毫摩尔和纳摩尔数量级。紫外辐射可以降低人皮肤成纤维细胞中 GSH 含量和大鼠肾成纤维细胞中 SOD 活性。研究 UVA 辐射对 CaCo-2 和 1BR-3 细胞在存在和不存在虾青素条件下的抗氧化状态（SOD 和 GSH）的影响时发现，其 SOD 活性不变而 GSH 含量则显著降低。CaCo-2 细胞暴露于 UVA 中，辐照显著减少细胞中的 GSH 含量，但是通过添加合成或天然虾青素（10 μmol），辐照后的细胞 GSH 值与未处理组相似，可以防止细胞 GSH 的耗竭。UVA 对 1BR-3 细胞的 GSH 影响与对照相同，但对抗氧化状态的影响更为显著，UVA 暴露细胞中 GSH 含量显著降低（$P<0.05$），UVA 照射后 SOD 活性显著增强（$P<0.01$）。

紫外辐射诱导的发色团激发的机制尚不清楚，但被认为涉及多种 ROS 的产生，可能包括超氧阴离子。事实上，体外光致敏是非特异性的，因此可能存在几个可能的发色团激发位点。例如，DNA 本身可能在波长为 320 nm 时被激发，从而形成胸腺嘧啶光二聚体。然而，通常 UVA 光子并不直接攻击 DNA，而是被细胞内的一些成分吸收，如核黄素、卟啉、烟酰胺和某些膜结合酶。皮肤细胞中的发色团光敏化也可能导致大量前列腺素和组胺的活化，导致炎症反应和色氨酸的光降解。超氧阴离子（O_2^-）具有高活性，可攻击细胞 DNA，导致 DNA 碱基改变、嘧啶二聚体和单链断裂。SOD 是一种主要的抗氧化剂，对超氧化物阴离子具有特异性。它在所有细胞中有一个本底水平，然而它的活性随着超氧化物（氧化应激）的增加而增加。经虾青素处理的 1RB-3 细胞未产生紫外诱导的 SOD 活性。虾青素是一种非常有效的抗氧化剂，因为其末端环部分具有独特的结构。因此虾青素对超氧化物自由基具有亲和力，可以作为一种牺牲性抗氧化剂，最终阻止 SOD 基础活性的增加。事实上，在 UVA 暴露诱导细胞中，槲皮素对 SOD 具有抑制作用，但其机制尚待阐明。

　　综上所述，含有虾青素的海藻提取物可减少 UVA 辐照下培养的人细胞 DNA 的损伤和维持细胞抗氧化状态，对细胞具有保护作用。虾青素可能是海藻提取物的活性成分，但这还有待证实。与海藻提取物较低的保护效率相比，合成虾青素可能导致提取类胡萝卜素的生物利用度下降。海藻提取物潜在的化学治疗特性可能被用于开发局部皮肤护理产品，或者作为一种天然的膳食补充剂，将体内 UVA 辐射的影响降至最低（Lyons and O'Brien，2002）。

　　脂类或脂类组织遇光特别是紫外光会受到光氧化作用损伤，并产生单线态氧和自由基。虾青素在保护组织免受紫外线的氧化损伤方面起着重要作用，研究发现其存在于直接受阳光照射的组织中。虾青素保护脂类不受紫外线氧化降解的效果比 β-胡萝卜素和叶黄素要好。过多的阳光照射会灼伤皮肤，并可能使皮肤细胞出现光诱导的氧化损伤、发炎、免疫力下降、衰老甚至癌变。虾青素被确认能保护鲑鱼皮和鲑鱼籽不受紫外线产生的光氧化作用的伤害。对动物的研究表明，虾青素可以在哺乳动物的视网膜中沉积，饲喂虾青素的小白鼠比未饲喂虾青素的小白鼠视网膜上光感应细胞受紫外线伤害的程度要低，并且恢复得快。这表明虾青素是一种良好的口服抗光剂，对于保护眼睛和皮肤的健康是非常有效的。

　　一旦暴露于强光尤其是紫外光下，细胞膜和组织就会产生单线态氧、自由基和受到光氧化的伤害。自然界中类胡萝卜素在抵御紫外光氧化中起着重要作用，经受阳光直射的组织中能够检测到类胡萝卜素的存在。眼睛和皮肤的紫外光伤害已引起了广泛的重视，与 β-胡萝卜素和叶黄素相比，虾青素能更有效地防止脂类的紫外光氧化。因此虾青素的紫外保护特性对于维护眼睛和皮肤的健康起着重要作用。

　　引起视觉伤害甚至失明的主要疾病为老年性黄斑变性（AMD）和老年性白内障，这两种疾病都与眼睛内部光氧化过程有关。流行病学的研究表明，氧化作用增加了 AMD 的危险性。膳食中补充类胡萝卜素（尤其是叶黄素和玉米黄素）能降低白内障和 AMD 的发病率。叶黄素和玉米黄素主要集中在视黄斑上，虾青素在结构上与叶黄素和玉米黄素相似，但虾青素具有更强的抗氧化和紫外保护效应。虾青素至今还没有从人类的眼睛中分离出来，但动物试验已证明它能够通过血脑屏障，和叶黄素一样沉积在动物的视网膜上。饲喂虾青素的小鼠与对照组相比，视网膜的伤害程度要小得多，而且恢复较快。因此可以推断虾青素对眼睛有光保护作用并防止视网膜组织氧化，从而维护眼睛的健康。

皮肤在强光下会发生灼伤、氧化、发炎、免疫抑制，甚至细胞癌变。临床前研究表明，从食物中摄取充足的抗氧化剂，如 β-胡萝卜素以及维生素 E 和维生素 C，均能降低这些伤害。虾青素能够保护鲑鱼的皮肤免受紫外光氧化。体外试验也证明虾青素的抗光氧化能力较 β-胡萝卜素和叶黄素强。这些研究结果表明，虾青素作为食用的光保护剂具有很大的潜力。

第四节　心脏健康

血液中高低密度脂蛋白胆固醇（有害胆固醇）水平与动脉硬化的风险增加有关。然而，高密度脂蛋白的血液水平与冠心病呈负相关，并对动脉硬化有预防作用。通常血浆中的低密度脂蛋白没有被氧化，而低密度脂蛋白的氧化被认为有助于动脉硬化的形成，因此通过补充抗氧化剂可能降低动脉硬化的风险。流行病学和临床数据表明，膳食抗氧化剂可能具有预防心血管疾病的作用。虾青素由人血液中的极低密度脂蛋白、低密度脂蛋白和高密度脂蛋白携带。一项体外试验和连续两周每天摄入 3.6 mg 虾青素的人体研究表明，虾青素可以保护低密度脂蛋白不受体外氧化的诱导。在一项动物模型研究中，补充虾青素会导致血液中高密度脂蛋白水平升高，血液中这种物质的胆固醇形式与冠心病发病率成反比。因此，虾青素可以改善血液中低密度脂蛋白和高密度脂蛋白胆固醇的水平，从而有益于心脏健康。此外，虾青素还可以通过减少炎症对心脏健康有益，炎症可能与冠心病的发展有关（Guerin et al.，2003）。

对于抗高血压，饲喂虾青素可降低自发性高血压大鼠（SHR）的血压（BP），具有显著的抗高血压作用。这种效应在 SHR 中产生，而在正常血压对照组动物中未产生，这延迟了 SHR 卒中的发生。给药 5 周后，SHR 的平均血压（MBP）（-9%，-8%）、收缩压（SBP）（-6%，-4%）和舒张压（DBP）（-10%，-10%）分别在 5 mg/kg 及 50 mg/kg 剂量下显著下降。虾青素的时程效应表明其可能对血压有一个最初的急性作用，这可能是由于交感神经的作用；然而，还需要进一步的研究来证实这一点。目前的研究结果表明，虾青素可以减缓高血压的发展，并可能有助于保护大脑免受中风和缺血性损伤。有许多报告表明，虾青素是一种比其他类胡萝卜素和维生素 E 更强的抗氧化剂，它可能带来许多健康益处。当虾青素与黄嘌呤氧化酶系统结合时，可使主动脉环短暂收缩松弛。这种短暂的收缩是由系统产生的氧自由基引起的。

　　同时，虾青素还通过诱导内皮依赖性（ED）和内皮非依赖性（EID）的血管舒张作用影响主动脉的血管。ED 效应可能与其抗氧化性能有关，推测虾青素在防止 NO 降解过程中起清除超氧化自由基的作用，从而延长其半衰期，进而起到血管舒张作用。因此，恢复无诱导血管松解可以部分解释虾青素的抗高血压作用。试验发现，有效血管弹性剂 ASX-O 浓度为 30～100 mmol/L 时对主动脉产生松弛作用。这种松弛作用在虾青素低剂量（30 mmol/L）和较高剂量（100 mmol/L）时均无依赖性，对此需要进行更深入的调查以核实这些影响的机制。

　　此外，虾青素在相对高剂量下通过防止缺血诱导的小鼠空间记忆障碍表现出显著的神经保护作用。这一效应可能是由于虾青素对缺血诱导的自由基具有显著的抗氧化作用，并由此产生病理脑和神经效应。目前的研究结果表明，虾青素可能对改善血管性阿尔茨海默病患者的记忆有一定的作用。一些临床研究表明，健康成年人每天从雨生红球藻海藻提取物中摄取 6 mg 的虾青素是安全的。体外研究显示，虾青素减少低密度脂蛋白氧化性能。基于这些发现，许多含虾青素的健康产品正在开发。然而，关于虾青素对原发性高血压患者的保护作用的前瞻性研究是重要的（Hussein et al.，2005）。

　　虾青素治疗也可以改善自发性 2 型糖尿病模型小鼠（db/db 小鼠）的血糖控制，同时保留胰腺细胞功能。人们普遍认为，高血糖会导致活性氧的慢性生成，并可能通过这些蛋白质的糖化作用减弱清道夫酶的抗氧化活性。据报道，由于胰岛中抗氧化酶的表达非常低，因此胰腺细胞被认为特别容易受到活性氧的攻击。研究发现虾青素处理的 db/db 小鼠的糖耐量较未处理的 db/db 小鼠有显著提高。经虾青素处理的小鼠在 120 min 时血糖水平显著降低（$P<0.001$），血清胰岛素水平显著升高（$P<0.001$）。相比之下，组织学评估显示，虾青素处理的 db/db 小鼠和未处理的 db/db 小鼠胰腺细胞质量无显著差异。这些结果表明虾青素可以减轻胰腺细胞高血糖引起的氧化应激。该研究还通过测量 18 周小鼠尿白蛋白水平来评估肾损伤，在接受虾青素治疗的 db/db 小鼠中，这一参数明显低于未接受治疗的小鼠。然而，由于服用虾青素的小鼠血糖水平也明显低于未服用的小鼠，尚不确定虾青素的抗氧化活性是否直接使肾小球损伤减轻。尽管如此，目前的研究确实表明虾青素可能对糖尿病患者的胰腺细胞功能产生有益影响（Uchiyama et al.，2002）。

　　临床医学研究表明，低密度脂蛋白的氧化是导致动脉硬化的重要原因，而高密度脂蛋白与冠心病的危险性呈负相关，高含量的高密度脂蛋白能预防动脉硬化。通常低密度脂蛋白以非氧化状态存在，低密度脂蛋白的氧化加速了动脉硬化的发生。补充抗氧化剂能够降低动脉硬化的风险，流行病学和临床的数据表明，膳食中的抗氧化剂能预防心血管疾病。动物研究表明虾青素具有显著提高 HDL 和降低 LDL 的功效，从而起到预防动脉硬化、冠心病和缺血性脑损伤等心血管疾病的作用。

SHR 是一种氧化应激升高的高血压动物模型。有报道表明，高血压大鼠长期服用虾青素，每天服用 5 mg/kg 或 50 mg/kg，血压下降约 10～25 mmHg[①]，但对血压正常的动物没有影响。有研究首次表明虾青素可以改善高血压动物的心室肥大。血管重构对包括高血压在内的血管疾病的病理生理有重要作用。它与腔径的改变和被膜介质质量的改变有关。有趣的是，虾青素改善了传导和阻力血管的血管重塑。虾青素处理组与 SHR 对照组相比，中膜厚度明显降低，唾液淀粉酶清除率（CSAm）和中膜厚度与内腔比也降低。由此说明抗氧化剂虾青素的特性与较低的超氧阴离子自由基的产量有关，可能与血管重构的有益效应有关。与冠状动脉对照组相比，经虾青素处理的 SHR 组壁厚更薄，管腔更宽，Wm/L 比值下降。在 SHR 肾血管床中使用维生素 C，在 SHR 肠系膜动脉中使用维生素 C 和维生素 E 也有类似的效果。这些事实证明了抗氧化剂饮食摄入与血压降低之间的关系，以及抗氧化剂可改善与高血压有关的重构和内皮功能障碍。

但是，虾青素并不能改善舒张性胸主动脉内皮依赖性舒张。吲哚美辛通过抑制环氧合酶（COX）通路增强了内皮依赖性松弛，但这种增强的松弛在虾青素处理组和 SHR 控制组之间没有产生差异。虾青素不能改变前列腺素参与内皮依赖性松弛的程度。

相反，虾青素改善了肾血管床内皮依赖性舒张。两个试验组（SHR-Axt 75 组和 SHR-Axt 200 组）中虾青素的最大松弛效应（E_{max}）值显著升高分别约 18% 和 15%。推测改善内皮功能可能是由于抗氧化剂具有活性氧清除能力，通过增加细胞内四氢生物喋呤（BH4）调节 NAD(P)H 氧化酶和/或抗氧化酶。一方面，虾青素处理能够降低 NADPH 增强的 O_2 的产生，但对基础 O_2 的产生没有影响，化学发光试验和 NO 在主动脉环中的生物利用度未被修饰就证明了这一点。另一方面，虾青素改善了阻力动脉内皮功能，这可能是由与一氧化氮合酶抑制剂 L-NAME 孵育前和孵育后 30 min，通过去氧肾上腺素（PE）的诱导收缩检测到的 NO 生物利用度增加所致。综合这些研究结果，血管床中松弛反应的改善可能与 NO 生物利用度的增加有关，而 NO 生物利用度的降低则与 $\cdot O_2^-$ 的产生有关。值得注意的是，试验中只观察到剂量效应与虾青素降低血压的关系，两种剂量对其他评价心血管参数的有益影响在低剂量试验中是相似的，甚至更好。尽管有大量证据表明氧化应激与高血压有关，但目前还不清楚两者的相关性机制。一个相对新的研究方向是涉及氧化应激的炎症反应有助于形成高血压的概念。以这种方式对虾青素进行进一步的研究，可能有助于阐明其抗高血压的机制和可能的治疗效果（Monroy-Ruiz et al.，2011）。

而在食物摄入量或体重方面，2 型糖尿病小鼠（db/db）组之间没有差异，添

---

① 1 mmHg = 1.33322×10² Pa。

加或不添加虾青素的 db/db 小鼠体重均大于非糖尿病小鼠（db/m）小鼠。db/db 小鼠的非空腹血糖水平均明显高于 db/m 小鼠，由于疾病的发展，年龄高的动物比年轻的动物血液中葡萄糖的浓度更高，非空腹血糖略高，但差异显著（$P<0.01$），虾青素治疗后下降。为了确定虾青素对 db/db 小鼠胰腺细胞功能的影响，采用葡萄糖给药的方式进行小鼠腹腔葡萄糖耐量试验（IPGTT），处理过的 db/db 组较未处理过的 db/db 组葡萄糖水平明显降低（$P<0.001$）。例如，注射葡萄糖液 120 min 后二者血糖水平分别是 64.8～144.9 mg/dL（治疗组）和 40.6～233.0 mg/dL（对照组），治疗组的血清胰岛素水平显著（$P<0.001$）高于各组（治疗组为 1509.1～8425.0 pg/mL，未处理组为 560.5～2950.0 pg/mL）。胰腺组织学研究显示，与 db/m 小鼠相比，胰岛形状不规则，胰岛细胞数量减少，但虾青素处理与未处理的 db/db 小鼠细胞质量无明显差异。为了确定虾青素对 db/db 小鼠肾脏并发症的影响，比较了两组尿白蛋白水平和系膜细胞增殖情况。未处理组 db/db 小鼠尿白蛋白水平明显升高（$P<0.001$）。相反，虾青素治疗显著抑制尿白蛋白的增加。

第五节 抗 炎 作 用

在炎症相关疾病（如克罗恩病）的临床条件下，有毒活性氧是由炎症部位（肠黏膜和肠腔）的吞噬性白细胞释放的。活性氧和炎症部位中性粒细胞浓度的增加，形成了一种促氧化平衡，导致抗氧化维生素水平降低，氧化应激和脂质过氧化标志物水平升高。此外，氧化剂与内皮细胞炎症基因的刺激直接相关。同样，活性氧被认为是哮喘伴发炎症和运动诱导的肌肉损伤的加重因素。研究发现虾青素对大鼠足肿胀有抑制作用，维生素 E 对血脑屏障无抑制作用。最近，人们发现饮食中的虾青素有助于对抗幽门螺杆菌引起的溃疡症状。虾青素可减轻胃炎症状，并与炎症反应的变化有关。虽然虾青素的抗氧化特性可以解释其抗炎活性，但要更好地了解虾青素抗炎的具体作用方式还需要进一步的研究（Guerin et al.，2003）。

炎症增加是脑老化特征，也是许多神经退行性疾病的病理特征。许多早期证据表明，虾青素可以调节免疫反应或减轻与胃溃疡等周边疾病相关的炎症反应以及 T 细胞和 B 细胞活性。小胶质细胞是存在于大脑中的巨噬细胞，与中枢神经系统的免疫反应密切相关。众所周知，小胶质细胞的激活和炎症会随着年龄的增长而增加，并与神经发生和认知功能的下降有关。有报道称，虾青素处理可以降低细菌抗原脂多糖（LPS）刺激的小胶质细胞中 IL-6、COX-2、诱导型一氧化氮合酶（iNOS）对一氧化氮的表达和释放。同样，在转化后的 BV2 细胞系中，IL-6 表达下调，以及来自外周的原代巨噬细胞表达下调。这些趋势在糖尿病脑病动物模型中得到了重现，证明虾青素治疗可以减少神经病理学损害和认知障碍。研究报道，喂食虾青素后小鼠改善了它们在莫里斯水迷宫试验中的表现，减少了 NF-κB，抑制了额叶皮层和海马区的神经退化。研究表明，膳食处理虾青素可以降低几种炎症相关转录本的表达。补体成分 1q 子成分 A（$C_{1q}A$）、Ctss（一种促进 MHC II 抗原呈递的组织蛋白酶）和胶质细胞原纤维酸性蛋白（GFAP）都随年龄增长而增加并提示存在促炎环境。这种与年龄相关的正褶皱变化的抑制，表明虾青素有能力阻止或延缓神经向促炎环境的转移，这种转移通常发生在衰老的生物体中。有研究表明，口服 6 周的虾青素（10 mg/kg）足以调节老年大鼠大脑中某些细胞因子的表达。另有研究发现，虾青素治疗使雌性老鼠的海马区和小脑中 IL-1β 减少，而女性小脑 IL-10 升高，男性海马区 IL-10 升高，说明补充虾青素可能会改变不同性别间的细胞因子活性。值得注意的是，这些研究中的抗炎因子也有所增加。虾青素增加或改善 IL-10 和 IL-4 等抗炎介质表达的能力，对于在衰老和神经退行性疾病中受损的小胶质细胞的营养或修复功能可能同样重要。

需要注意的是，慢性激活的小胶质细胞也是活性氧的主要来源。鉴于虾青素具有显著的抗氧化特性，虾青素对小胶质细胞的显著作用可能是氧化应激和损伤的减少，从而导致神经保护机制。然而，虾青素似乎有潜在的双重功能，通过抑制小胶质细胞的氧化和促炎激活来调节小胶质细胞（Grimmig et al.，2017）。

虾青素也能降低 LPS 给药小鼠血清中 NO、前列腺素 E2（PGE2）、TNF-α 和 IL-1β 的水平，LPS 诱导 RAW264.7 细胞中 NF-κB 的激活和 iNOS 的促进作用也会被抑制。虾青素具有很强的抗氧化作用，能抑制细胞内活性氧积累和阻止 H_2O_2 诱导激活 NF-κB，这可能就是其通过抑制 NF-κB 激活表现出抗炎作用的原因。研究还表明，虾青素是治疗慢性炎性疾病（如脓毒症、类风湿关节炎、动脉硬化和炎性肠病）的候选药物。这些炎症介质和细胞因子激活其他免疫细胞，并可引起类风湿关节炎和内毒素血症等炎症性疾病，导致多器官损伤。地塞米松、泼尼松、磺胺嘧啶、阿司匹林等抗炎药物通过抑制促炎细胞因子的产生和 iNOS、COX-2 的表达来预防人类炎症疾病的发生。此外，iNOS、COX-2、TNF-α 和 IL-1β 的抑制对脓毒性休克有有益影响。虾青素不仅抑制 iNOS 和 COX-2 的表达，也抑制 LPS 诱导的 PGE2、TNF-α 和 IL-1β 水平以及 RAW264.7 和初级巨噬细胞的活化。这些结果支持了关于虾青素对慢性炎症有治疗作用的假设。转录因子 NF-κB 调节许多炎症基因的表达，包括 iNOS、COX-2、TNF-α 和 IL-1β，异常激活 NF-κB 与许多慢性炎性疾病有关。抗炎药物可能抑制 NF-κB 通路，抑制 NF-κB 激活可能是预防或治疗炎性疾病的关键。相对较低的虾青素浓度（50 μmol/L）防止 NF-κB 激活和抑制 iNOS 的扩散行为，并抑制核转运 NF-κB P65 单元和 IκBα 蛋白质降解。NF-κB 激活的关键一步是 IκB 的快速降解，这需要 IκB 磷酸化水平升高激活 IκB 激酶（IKK）。综合研究结果表明，虾青素的调节能力通过抑制促炎症基因表达的 NF-κB 激活可能是基于其抗氧化活性。总之，可能由于 LPS 诱导的巨噬细胞通过抑制 NF-κB 激活清除细胞内 ROS，天然产品虾青素能抑制促炎基因表达的信号级

联。这种抑制作用对于开发抗炎药物和形成限制病理炎症的策略具有重要意义
（Seon-Jin et al.，2003）。

虾青素以剂量依赖性的方式抑制内毒素诱导的葡萄膜炎（EIU）的发展。其
中虾青素 100 mg/kg 与泼尼松龙 10 mg/kg 剂量的抗炎作用相当。类胡萝卜素可
以保护海洋动物免受自由基和单线态氧的伤害。虾青素具有比维生素 E 和 β-胡
萝卜素强很多的单线态氧猝灭能力。考虑到虾青素的分子结构，它具有很强的
单线态氧猝灭能力是可以理解的。由于单线态氧结合的碳中心自由基可以通过
羰基和羟基与天冬氨酸的紫罗兰酮环结合形成更稳定的共振结构，因此对其他
分子氧的反应性降低。虾青素能比胡萝卜素更有效地去除脂质体悬浮液中的脂
质过氧自由基，比 α-生育酚更有效，因为虾青素紫罗兰酮环上羰基的氢键和多
烯链的疏水结合使虾青素能很好地适应膜磷脂结构。在虾青素的抗氧化作用中，
虾青素以剂量依赖性的方式抑制 NO 的产生和降低 iNOS 酶活性，这与体内试验
结果一致。这些结果表明虾青素通过直接抑制 iNOS 酶活性来抑制 NO 的产生，
类似于 iNOS 抑制剂 L-NAME。细菌 LPS 或细胞因子诱导的 NO 的大量产生在
内毒素血症和炎症条件中起重要作用。因此，可认为虾青素通过抑制 iNOS 酶活
性来抑制 NO 的产生，在炎症治疗中具有有益的疗效。虾青素对 LPS 诱导的 NO
产生的抑制作用并不是细胞毒性作用的结果。TNF-α 主要是通过激活巨噬细胞
和单核细胞及产生的多效细胞因子在各种传染性病原体特异性的抵抗中扮演重
要的角色。研究结果表明，在体内和体外，TNF-α 以虾青素浓度剂量依赖性的
方式减少。虽然 NO 诱导抑制肿瘤坏死因子合成的机制尚不清楚，但有报道称
NO 激活环氧合酶导致 PGE2 产量显著增加。PGE2 通过 cAMP 水平升高对 TNF-α
合成的抑制作用已得到令人信服的证明。在目前的研究中，虾青素能抑制体内
和体外 LPS 诱导的 PGE2 表达和剂量依赖性 TNF-α 的表达。该结果支持了 NO
在 EIU 病理生理学中对 TNF 产生调节作用的观点。综上所述，虾青素对 EIU 具
有剂量依赖性的抗炎作用，其中虾青素 100 mg/kg 与泼尼松龙 10 mg/kg 具有明
显的眼部抗炎作用。虾青素的眼部抗炎作用机制可能是抑制生成 PGE2，TNF-α
直接阻断 iNOS 酶活性。这些结果表明虾青素可能是一种有前途的治疗眼部炎症
的药物（Ohgami et al.，2003）。

在炎症发生的情况下，如克罗恩病中，吞噬细胞在发炎部位（肠黏膜和肠腔
内）释放出有毒的活性氧和噬中性粒细胞，破坏了自由基和抗氧化剂之间原有的
平衡，导致抗氧化剂水平的降低、氧化产物以及脂质过氧化水平的增加。研究表
明，氧化剂与内皮细胞的炎症基因刺激有直接关系。活性氧也能加重哮喘伴随炎
症和训练引起的肌肉损伤炎症。

有研究表明虾青素能减轻小鼠足部的肿胀现象，而维生素 E 没有此功效。虾
青素也可预防幽门螺杆菌（*Helicobacter pylori*）引发的溃疡症状并可减轻胃炎。

Mara 公司研究调查了红球藻虾青素产品（Astafactor）对人类健康的影响，并与其他 26 种著名的抗炎药物效果进行比较。结果显示，不服用虾青素的急慢性患者的健康状况提高了 85%，虾青素和调查中 92% 的抗炎药物有同等的效果或效果更好；和 62 种包括阿司匹林在内的非处方（OTC）抗炎药相比，虾青素与其中 76% 的药物具有同等的效力或更好。这些结果均说明虾青素的抗炎作用使其可作为一种营养和保健功能食品，用于治疗和预防由炎症引起的疾病。给小鼠饲喂富含虾青素的雨生红球藻藻粉的研究显示，虾青素能明显降低幽门螺杆菌对胃的附着和感染，为此国外已开发了虾青素口服剂作为抗胃病感染制剂。虾青素酯还具有抗感染药物配合剂的作用，与阿司匹林同时服用可加强后者的药效。

据报道，虾青素可以抑制炎症介质和细胞因子的表达，从而对脂多糖刺激的巨噬细胞产生作用。虾青素的抗炎活性可能通过抑制可诱导的一氧化氮合酶和环氧合酶（如 COX-2）的表达发生作用，而这种抑制作用是大多数抗炎药物的作用机理，因此虾青素具有潜在的治疗慢性炎症的作用。另外，虾青素还可以维持人淋巴细胞的氧化还原反应的敏感性及其主要结构。虾青素可以显著降低促炎细胞因子，如 TNF 和 IL-6 等的分泌。同时，结果还显示，虾青素改善了嗜中性粒细胞的功能，增加了机体清除微生物的能力。

综上所述，虾青素的抗炎活性是通过多种途径产生作用的，开发其抗炎活性对于抗炎药的发展有着重要的意义。每天食用含有天然虾青素的微藻提取物，可以帮助缓解与关节损伤有关的疼痛，尤其是类风湿关节炎和腕管综合征。有研究评价了 BioAstin 提供的用于缓解网球肘（即肱骨外上髁炎）疼痛的日常天然虾青素的疗效。研究发现，在试验结束时，服用虾青素的测试者的握力测量值（GSM）有了显著的提高。GSM 的改善与天然虾青素的使用之间的相关性可能表明，日常使用天然虾青素可以帮助缓解与网球肘有关的疼痛，并增加活动能力。这种改善可能大大改善患有这种关节疾病的人的生活水平。

第六节　保　护　视　力

眼是人的视觉器官，能够接收进入瞳孔的光线，从而产生视觉，当能量较高的蓝光进入眼睛时，会引起视网膜的光氧化作用，产生单线态氧和自由基。临床研究表明老年性黄斑变性（AMD）的发生是由于光毒性对感光细胞的累积损伤，而视网膜中所含的类胡萝卜素可以吸收能量较高的光波并猝灭自由基，因此在日常饮食中添加维生素 A 及矿物质可以降低 AMD 和老年性白内障等眼部疾病的风险。

早在 1988 年，Bone 等就报道在人黄斑中央凹处的玉米黄素较叶黄素占优势，而虾青素是一种更强的抗氧化类胡萝卜素，它的视力保护活性因此受到关注。不

同于 β-胡萝卜素，虾青素是一种非维生素 A 原类胡萝卜素，在人体内不能转化为维生素 A，但其可以通过血-视网膜屏障，抑制晶体蛋白的氧化降解，进而保护晶体上皮细胞免受 UVB 的损害，另外虾青素还可以保护视神经（Lin et al.，2020）。

导致视力障碍和失明的两个主要原因是 AMD 和老年性白内障。这两种疾病似乎都与眼内光诱导的氧化过程有关。因此，与氧化有关的因素已在流行病学研究中显示与 AMD 风险升高有关。膳食中摄入大量类胡萝卜素，特别是叶黄素和玉米黄素（来自菠菜、羽衣甘蓝和其他绿叶蔬菜），可降低核白内障和 AMD 的风险。叶黄素和玉米黄素是与虾青素密切相关的两种类胡萝卜素色素，它们集中在眼黄斑中。虾青素的结构与叶黄素和玉米黄素非常接近，但具有较强的抗氧化活性和紫外线保护作用。虾青素还没有在人眼中被分离出来。然而，一项动物研究表明虾青素能够穿过血脑屏障，与叶黄素类似，它会沉积在哺乳动物的视网膜中。喂食虾青素的大鼠视网膜光感受器受紫外光损伤较小，恢复速度快于未喂食虾青素的大鼠。因此，可以推断，虾青素在眼内的沉积提供更好的保护，可以避免紫外线损伤和视网膜组织的氧化，说明虾青素对眼的健康具有潜在的保护作用（Guerin et al.，2003）。

通过对术后高频分量（HFC）值与摄取前及摄取后休息后 HFC 值的变化比较，发现摄取虾青素前 HFC 值为+（3.70±6.56）D，摄取后为–（0.32±2.60）D，差异有统计学意义（$P<0.05$）。在接受虾青素治疗前，术后睫状肌持续紧张，休息20 min 后未见调节性恢复。然而，摄取后，读数显示在休息 20 min 后产生适应性恢复。摄取前，调节反应量为术后（1.92±0.71）D，休息后（1.89±0.65）D，休息后降低–（0.03±0.20）D。摄取后，反应量为术后（1.80±0.48）D，休息后（1.93±0.46）D。这一变化表明，休息后的适应反应较手术后有所增加；在手术后发放的问卷中，4 名受试者在接受虾青素治疗前有疲劳症状，只有 2 名受试者在接受虾青素治疗后有疲劳症状。同样，休息后发放的调查问卷显示，没有受试者在进食前感到恢复，但有2 名受试者在进食后感到恢复。这一结果表明，一些受试者有意识地感受到了康复。该研究表明，虾青素具有调节作用，尤其是消除调节疲劳，有助于快速消除疲劳（Takahashi and Kajita，2005）。

第七节　保　护　细　胞

一、虾青素对细胞膜结构的保护作用

在线粒体中，多种氧化链反应产生细胞所需的能量，但产生的能量很多需要中和以维持正常有丝分裂功能的自由基的数量。假设线粒体的累积氧化损伤是细胞衰老的主要原因，而细胞衰老又与机体衰老有关。虾青素对大鼠肝细胞线粒体的体外过氧化保护作用可达维生素的 100 倍。这突出了虾青素在帮助保护线粒体功能方面的独特能力，以及它在对抗衰老方面的独特潜力。虾青素的突出作用被认为来自在氧化条件下对膜内外表面的保护能力（这是由于半个多烯链和末端环结构以及对膜的加固和渗透率的调节）。抗氧化剂，尤其是类胡萝卜素，不仅因为它们有助于保护细胞成分免受氧化损伤对细胞健康至关重要，还因为它们在调节基因表达和诱导细胞间通信方面发挥作用。最近，有报道称虾青素在调节大鼠肝细胞细胞色素（CYP）基因中发挥作用，但它在人肝细胞中似乎没有这种作用。类胡萝卜素也是细胞间隙连接处（细胞膜上充满水的孔隙，允许细胞间进行调节细胞生长所需的通信，特别是限制癌细胞的扩张）细胞间通信的活跃诱导剂。因此，可得出一个假设，类胡萝卜素影响 DNA 调控负责间隙连接通信的 RNA，而这种在细胞间隙连接通信中的作用可能解释虾青素的一些抗癌活性（Guerin et al.，2003）。

研究发现类胡萝卜素对膜脂相互作用的过氧化速率有显著影响。类胡萝卜素（如番茄红素）改变了磷脂酰基链的堆积方式，这与有效的促氧化作用有关。相比之下，添加虾青素并不会改变脂质的结构。因而，虾青素在相同条件下具有相反的抗氧化性能。因此，类胡萝卜素，即中心多烯链的存在，可能不是抗氧化行为的唯一决定因素。试验表明，脂质氧化对膜双层结构有显著影响，从而可以混淆类胡萝卜素掺入引起的膜结构变化。此外，对类胡萝卜素（如 β-胡萝卜素、虾青素、玉米黄素和番茄红素）的抗氧化活性测试发现，类胡萝卜素与有序膜系统（脂质体）结合后，具有不同的保护作用，表明膜与类胡萝卜素的相互作用是影响其抗氧化活性的关键因素。

膜与特定类胡萝卜素之间良好的相互作用首要考虑因素是其分子长度。由于顺式双键的存在，含有不饱和酰基链的膜，如蛋黄磷脂酰胆碱和 1-棕榈酰基-2-油酰-SN-甘油-3-磷酰胆碱，对脂质结构的排序作用不明显。尽管虾青素的结构与玉米黄素有相似性，虾青素（分子长度 32 Å）没有显著改变细胞膜的电子密度。两种化合物的化学区别是 C4 酮组的存在和 C4 末端虾青素环的位置，这可能会进一步稳定虾青素与膜极性端基的相互作用，这将使分子的其余部分跨越整个膜的宽度。有学者提出，虾青素通过保护细胞膜的整个厚度，干扰自由基在疏水核中的传播，抑制细胞膜表面产生的自由基，从而增强了抗氧化活性。一旦虾青素在膜内具有这种良好的方向，其极性末端环部分就能够通过分子间氢键在膜内和膜表面捕获自由基。虾青素的这种结构活性关系被认为是导致其在细胞膜中具有强大抗氧化活性的原因。

在研究的 5 种类胡萝卜素中，只有虾青素在保持膜结构的同时具有较强的抗氧化作用。由于虾青素与玉米黄素的区别仅在于其末端环上存在酮基，因此虾青素的抗氧化活性是否具有高度特异性有待进一步研究。研究表明虾青素对膜结构的影响可能就是其中一种机制。反应时间在这类研究中很重要，因为已知所有类胡萝卜素对氧化剂的反应速率不同。研究者以 Fe^{2+}、偶氮二异丁腈（AIBN）、偶氮双二甲基戊腈（AMVN）为自由基引发剂，研究了不同氧化体系中不同类胡萝卜素的反应速率。在所有试验中，番茄红素是研究中活性最强的类胡萝卜素，因此在数小时内几乎耗尽；通常 β-胡萝卜素次之。相比之下，虾青素和角黄素等二酮类胡萝卜素的活性最低，因此能够维持较长时间清除自由基。类胡萝卜素的自氧化是由 AMVN 启动的，自动氧化率的差异也许可以解释为什么只有虾青素显示强大的抗氧化性能，而番茄红素和 β-胡萝卜素表现出强烈的氧化剂属性。

虾青素在不同的模型中被证明具有心脏保护作用。某些类胡萝卜素的这种有益作用可能归因于抗氧化活性。因此，类胡萝卜素对脂质过氧化的不同作用可能为其在各种临床试验中的明显矛盾作用提供线索（McNulty et al.，2007）。

在线粒体中，链式氧化反应产生细胞所需的能量，同时也产生大量的自由基，为保证线粒体的正常功能，必须将过量的自由基清除。线粒体的氧化损伤加速了细胞的老化，这是衰老的主要原因。虾青素能防止大鼠肝脏线粒体的体外过氧化，其效率是维生素 E 的 100 多倍，这显示了虾青素具有保护线粒体和抗衰老的特性。虾青素保护细胞膜的强大作用主要来自其在膜内及表面的抗氧化能力，因为虾青素的多烯烃链和末端环状结构使细胞膜刚性增加，同时改变了细胞膜的透性。抗氧化剂，尤其是类胡萝卜素及其衍生物，对保护细胞的健康非常重要，不仅因为它能防止细胞内物质的氧化，而且在调节基因表达和诱导细胞间信息传递过程中起着重要作用。2002 年 Kistler 的研究表明了虾青素具有调节鼠肝细胞 CYP 基因的作用，迄今还没有证据表明它对人类的基因有这种调节作用。类胡萝卜素及其衍生物是细胞间隙连接中信息传递的活跃诱导物。细胞间隙连接能进行调节细胞生长所需的信息交流，更重要的是能抑制癌细胞的扩散（张晓丽和刘建国，2006）。

衰老是指随着时间的推移，人体机能发生的退行性变化，包括结构和机能的衰退，以及适应性和免疫力的下降。虽然人体的衰老是不可抗拒的自然因素，但通过一系列措施和手段能够有效延缓衰老，降低衰老相关疾病的发生率，提高生活质量。更多的人认为衰老并不是单一机制所调控的，而是多种因素的综合作用。但是各学说中较为公认的是自由基学说。

虾青素可以有效清除自由基、猝灭单线态氧，增强免疫力，另外虾青素还可降低由于辐射等环境中理化因素所引起的突变，维持 DNA 的稳定，因此虾青素具有显著的抗衰老活性。人体在进行高强度运动后，由于线粒体氧化磷酸化及电子传递链产生的过量氧耗会引起大量自由基的积累，从而造成肌肉疲劳和损伤。Aoi 等考察了虾青素对运动后小鼠腓肠肌和心肌代谢的影响，结果表明虾青素可以在腓肠肌及心肌中积累，并有效降低运动产生的 4-羟基壬烯醛修饰蛋白质和 8-羟基-2-脱氧尿苷的含量以及肌酸激酶、过氧化物酶活性。因此虾青素可以有效延缓腓肠肌和心肌疲劳，减少延迟性肌肉酸痛的发生。

二、虾青素对 HSF 细胞的保护作用

UVA 辐照后，虾青素预处理组细胞的增殖活性普遍高于单纯的 UVA 照射不加样组，这表明虾青素在 2～10 μmol/L 范围内，对于 UVA 诱导的细胞损伤有着一定程度的保护作用。结果显示，虾青素预处理浓度分别为 2 μmol/L、4 μmol/L、6 μmol/L、8 μmol/L、10 μmol/L，紫外辐照剂量为 10.5 J/cm^2 时，HSF 细胞的增殖活性分别是单纯照射不加样组的 105.42%、112.98%、124.33%、119.81%和 113.89%。由此可见，低浓度虾青素的预处理（2 μmol/L）对辐照后细胞的增殖活性的影响并不显著，几乎不影响细胞的生长。中等浓度虾青素的预处理（4～6 μmol/L）对于提高 UVA 辐照后细胞增殖活性有着较为显著的作用（$P<0.05$）。高浓度虾青素预处理（8～10 μmol/L）对 UVA 诱导的细胞氧化损伤也有着明显的保护作用（$P<0.05$），但效果低于中等浓度的预处理。

相比于对照组（UVA 照射 HSF 细胞），虾青素预处理使得辐照后 HSF 细胞中的 ROS 含量显著下降（$P<0.05$）。紫外线辐照后（10.5 J/cm^2），相比于空白组（只含 HSF 细胞），对照组 HSF 细胞中 ROS 含量增加了 29.45%。与对照组相比，6 μmol/L 虾青素预处理组，HSF 细胞中的 ROS 含量下降了 11.98%，只比空白组高出 17.47%。2 μmol/L β-胡萝卜素处理组，HSF 细胞中的 ROS 含量减少了 8.30%，比空白组高出了 21.14%。试验结果表明，虾青素和 β-胡萝卜素都对 UVA 诱导（10.5 J/cm^2）的 HSF 细胞损伤具有保护作用，都能在不同程度上减少 UVA 辐照导致的 ROS 的生成量。6 μmol/L 虾青素预处理效果略优于 2 μmol/L β-胡萝卜素预处理，但两者之间的差异并不显著。

当 10.5 J/cm^2 的 UVA 辐照后，HSF 细胞内的 MDA 含量显著上升（$P<0.05$），为空白组的 1.12 倍。相比于对照组，6 μmol/L 虾青素预处理组 HSF 细胞中的 MDA 含量降低了 30.25%，比空白组高出了 22.69%。2 μmol/L β-胡萝卜素处理组，HSF 细胞中的 MDA 含量降低了 15.63%，比空白组高出了 37.31%。由此可见，虾青素和 β-胡萝卜素都能降低 10.5 J/cm^2 UVA 诱导的 HSF 细胞中 MDA 的含量，从而起到降低细胞氧化损伤的效果，6 μmol/L 虾青素的预处理效果稍微优于 β-胡萝卜素，但两者之间的差异并不显著。

与空白组相比，10.5 J/cm^2 辐照后，HSF 细胞内生成的蛋白质羰基数量增加了 56%。与对照组相比，6 μmol/L 虾青素的预处理使得 UVA 辐照后，HSF 细胞中的羰基含量降低了 30.05%，比空白组高出 25.95%。2 μmol/L β-胡萝卜素处理组，HSF

细胞中的羰基含量下降 11.75%，比空白组高出 44.25%。因此，6 μmol/L 虾青素和 2 μmol/L β-胡萝卜素的预处理都能够减少 UVA（10.5 J/cm^2）诱导的 HSF 细胞的氧化损伤，显著降低细胞内蛋白质羰基的含量（$P<0.01$），且 6 μmol/L 虾青素预处理的效果优于 2 μmol/L β-胡萝卜素。

由此得出，虾青素、β-胡萝卜素等的预处理能够有效地降低 UVA 诱导的 HSF 细胞的损伤，低浓度剂量对细胞增殖活性的影响并不明显，随着虾青素剂量的增加，辐照损伤后的 HSF 增殖活性呈现先上升后下降的趋势，这可能是由于过高浓度的虾青素对 HSF 细胞的增殖有轻微的抑制作用，6 μmol/L 虾青素对 HSF 细胞有着较好的保护作用，且效果优于 β-胡萝卜素。

紫外线辐射、化学物质刺激、电离等都能使得弹力纤维结构发生变化，出现成团效应，丧失其弹性，慢慢地降解、消失，进而使皮肤组织出现皱纹。已有研究表明，真皮层胶原含量和成纤维细胞增殖能力的下降都与皮肤组织的衰老密切相关。分别测定不同处理组 HSF 细胞中与胶原蛋白总量相关的 MMP-1、MMP-3 基因的表达水平，试验结果表明，10.5 J/cm^2 UVA 的辐照导致了 MMP-1、MMP-3 的过量表达，其含量分别增加至空白组的 2.79 倍、2.51 倍。

与此同时，细胞中胶原蛋白Ⅳ、胶原蛋白Ⅲ、胶原蛋白Ⅰ含量分别减少了 22%、46%、56%。由此可见，紫外辐照通过上调 MMP 系列 mRNA 转录与表达，从而增加了对皮肤组织已有胶原蛋白的降解作用，也抑制了新蛋白的合成进程。虾青素和 β-胡萝卜素的预处理对这种 WA 诱导的细胞机制有着明显的抑制作用。与对照组相比，6 μmol/L 虾青素的预处理有效地降低了 MMP-1、MMP-3 的过量表达，二者分别降低了 53.8%、29.5%，相应地，胶原蛋白Ⅳ、胶原蛋白Ⅲ、胶原蛋白Ⅰ含量分别提高了 59%、49%、15%。

2 μmol/L β-胡萝卜素的预处理也将 HSF 细胞中 MMP-1、MMP-3 的含量分别降低了 38%、16.8%，胶原蛋白Ⅳ、胶原蛋白Ⅲ、胶原蛋白Ⅰ含量分别增加了 52%、26%、14%。因此，虾青素对胶原蛋白的损伤和降解有着良好的保护作用，可以部分减轻 WA 辐照导致的皮肤组织光老化症状，为其在皮肤保健品和药品中的应用打下了基础（徐健，2016）。

第八节　神经系统健康

虽然大脑衰老的确切分子机制在某些认知领域和神经退行性疾病方面仍待阐明，但是人们普遍认为增加炎症、线粒体功能障碍、影响钙稳态和提高脑内氧化应激导致神经退化，最终导致重大变化。神经退行性疾病的发病率预计将随着人口老龄化增加而增加，这将导致更大的经济负担。类胡萝卜素是植物和某些光合微生物合成的一类化合物。许多类胡萝卜素直接参与光合作用，而其他类胡萝卜素的产生是为了保护这些物种免受光氧化和相关损害。自然界中已发现许多类胡萝卜素；然而，在血清和组织中，维生素 A 的消耗量和可检测水平要低得多，而且只有其中一些类胡萝卜素可以在人体中转化为维生素 A。近年来，虾青素（AXT）引起了人们的极大兴趣。AXT 是一种类胡萝卜素，已经被批准作为一种膳食补充剂，并在商业上广泛使用。到目前为止，没有明显的副作用归因于 AXT 补充剂，这表明它是一种相对安全的化合物。它也被证明能穿过血脑屏障，并在脑组织中被检测到。这些特点使 AXT 成为进一步研究阐明其治疗潜力的理想候选。活性氧（ROS）在正常的脑功能、能量产生和氧化还原敏感信号通路中发挥重要作用。适当的氧化还原状态通常由许多内源性抗氧化机制维持，这些机制的存在是为了防止 ROS 的过度产生和随后的组织损伤。然而，抗氧化防御系统的弱化，如超氧化物歧化酶、过氧化氢酶和谷胱甘肽的丢失与衰老有关。衰老的所有这些特征都会导致大脑处于氧化应激状态，在这种状态下，器官无法抵抗 ROS 的有害影响，也无法抵抗 ROS 对蛋白质、脂质和核苷酸的损害，从而导致细胞功能障碍和随后的认知障碍。近年来，以抗氧化剂为基础的中枢神经系统病理调节疗法的发展引起了人们的极大兴趣。虽然有大量的经验证据表明抗氧化剂在初步研究中是一种有效的治疗方法，但需要注意的是，在临床试验中，这种方法在很大程度上是不成功的。这种以抗氧化剂为中心的治疗方法的失败，部分可以用神经退行性疾病的多层面病理学来解释。虽然氧化应激是众多报道中涉及的一个共同点，但如前所述，还有许多其他因素导致衰老和疾病中的神经元功能障碍。在这方面，AXT 是一种有趣的化合物，因为它具有多种生物活性，包括增强内源性抗氧化防御机制的活性，如超氧化物歧化酶和血红素加氧酶-1。

与脂类和其他类胡萝卜素类似，AXT 被消化和吸收，但其生物利用度受其他饮食成分的严重影响。口服给药时，随餐服用或以油基配方给药时吸收的比例较高。从食物基质中释放出来后，AXT 被认为在胃液中的脂滴中积累，当它们在小肠中遇到胆汁酸、磷脂和脂肪酶时，就会进入胶束中。这些胶束被认为会被动扩散到肠上皮细胞的质膜中。AXT 像极性更强的叶黄素一样，从肠细胞形成的乳糜微粒中释放出来后，通过高密度脂蛋白和低密度脂蛋白在循环中运输。据报道，服用 100 mg/kg 剂量，约 9 h 后血浆 AXT 浓度峰值为 1 μg/mL 剂量。它被带入许多组织，包括大脑，但主要积聚在肝脏。与其他类胡萝卜素一样，AXT 的化学结构包括一个具有共轭双键的长碳链，但 AXT 的独特之处在于，它包含两个羟基化的离子环，位于分子亲脂部分的两端，与磷脂的极性头相连。由于轴突结构的官能团在这一方向上具有能量优势，因此轴突的这种结构和尺寸使其能够通过磷脂双分子层垂直整合。这种特性可以精确定位分子，从而干扰脂质过氧化。在这方面，AXT 尤其擅长于保护细胞膜的完整性。

有证据表明 AXT 与内源性抗氧化机制之间存在相互作用，许多报道这种作用的早期研究已经在外周病模型中进行了验证。虽然使用 AXT 干预的研究数量在过去几年稳步增加，但在中枢神经系统中研究这一效应的文献仍然有限。然而，现有的研究证据表明治疗效果发生在中枢神经系统。提高抗氧化酶的功效似乎是轴突作用的一种机制，这对于脑中的神经保护作用具有重要意义。维持这些酶的功能对正常衰老、神经退行性疾病和脑损伤有重要贡献。许多研究描述了抗氧化能力中 AXT 的特定疾病试验模型，也提供了阐明 AXT 其他生物活性的数据，并且进一步将这种化合物作为神经退行性背景下神经疾病的保护剂。AXT 已被证明对帕金森病（PD）的各种模型具有保护作用。AXT 通过减少 ROS、蛋白羰基化、细胞色素 c 释放和降低线粒体膜电位，有效降低 6-羟多巴胺（6OHDA）和过氧化物二十碳六烯酸的毒性，最终抑制 SH-SY5Y 人神经母细胞瘤细胞的凋亡。有趣的是，在评估 AXT 的亚细胞定位时，发现 AXT 主要积聚在线粒体和细胞膜亚细胞组分中。这表明，在体外，AXT 可以与这些神经源性细胞结合，并可能特异性地调节线粒体功能。AXT 也被证明可以降低 PC12 细胞（一种神经细胞株）中 1-甲基-4-苯吡啶离子（MPP$^+$）的毒性。MPP$^+$ 是 1-甲基-4-苯基-1,2,3,6-四氢吡啶（MPTP）的毒性代谢物。PC12 是帕金森病公认的常用毒性模型。这种细胞系具有多巴胺能细胞的共同特征，多巴胺能细胞能选择性靶向帕金森病及其神经毒素。此外，在 AXT 的体内试验中也观察到类似的结果，给药 AXT 成功挽救了 MPTP 治疗一个月的小鼠黑质和纹状体酪氨酸羟化酶的丢失。AXT 还成功地降低了阿尔茨海默病细胞培养模型的神经毒性。保护 PC12 细胞免受 β-淀粉样片段诱导的细胞毒性的影响。有学者认为细胞外信号调节激酶 1/2 信号转导和 HO-1 下游活化参与淀粉样蛋白肽的神经保护作用。AXT 最终分别减少了 PC12 和 SH-SY5Y 细胞凋亡相关介质 caspase-3 和 Bax。有研究报道了促进神经元存活的不同终点，突出了 AXT 的多功能作用。AXT 还能减轻 4 个月大的瑞士白化小鼠长期接触氯化铝的神经毒性。42 d 的 AXT 治疗使小鼠产生了蛋白质、脂质和还原型谷胱甘肽。这种氧化应激的降低还与认知功能的保留有关，这一点体现在放射迷宫（一种空间记忆指标）中小鼠的认知表现有所改善。有趣的是，包括铝在内的重金属沉积与多种神经退行性疾病的病理有关。这些结果说明了干预神经病变和保护神经功能的另一种治疗机制。此外，在癫痫杏仁核点燃模型中，补充 AXT 可降低大鼠海马区 CA3 区癫痫发作活性，减少神经元丢失。这些主要发现与降低氧化损伤（如 MDA 和 ROS 产生）和减少 caspase-3 表达以及同时降低进入细胞溶胶的线粒体细胞色素 c 释放有关。这些观察结果表明，AXT 可能具有神经保护作用，这不仅基于其缓冲氧化应激的能力，还表明它具有干扰线粒体介导的细胞凋亡的作用，并最终减少神经元的丢失。有研究证明，在早期发育阶段给予 AXT 可以挽救一些由产前丙戊酸暴露引起的自闭症特征和行为缺陷。在同一试验组中也可观察到，成年女子口服 AXT 6 周后，产前脂多糖暴露诱导的行为异常和氧化应激均得到缓解。

上述报道表明，在中枢神经系统损伤的大脑发育关键时期，AXT 可能在维持最佳环境和氧化还原稳态方面发挥重要作用。

随着年龄的增长，神经发生和可塑性显著下降，这一趋势也反映为一些人的认知能力随之下降。众所周知，环境、运动、饮食等外部因素可以刺激（甚至负调控）神经发生和海马区可塑性。例如，有实验室成功地使用膳食补充剂来维持老年动物的祖细胞增殖和神经发生，支持了天然化合物通过调节神经发生来维持认知功能的可能性。有新的证据表明，AXT 可能促进神经发生和可塑性。神经祖细胞（NPCs）是一种自我更新的干细胞群，它可以产生新的神经元，这些神经元随后被整合到海马区体的现有回路中，以取代退化的细胞。鼻咽癌的细胞增殖会随着年龄的增长而减缓，而在齿状回（DG）中促进干细胞增殖被认为是一种维持海马区再生能力的策略，并与保护认知功能有关。有报道称，AXT 能促进神经前体细胞的体外增殖。Kim 等研究表明，AXT 在培养过程中的应用以时间和剂量依赖性的方式增加了神经干细胞的增殖和集落形成能力，并观察到细胞周期蛋白依赖性激酶 2（CDK2）等增殖相关基因的增加。研究表明，AXT 处理不仅可以促进细胞复制，而且可以在暴露于氧化损伤（0.3 mmol/L H_2O_2）时直接保护 NPCs，并限制随后的凋亡级联。如上所述，氧化损伤随着年龄的增长而增加，而 AXT 可能有助于恢复老化海马区的氧化应激。这些细胞增殖的体外观察最近在使用 AXT 补充饮食治疗 4 周的年轻成年小鼠（11 周）中得到证实。有研究报道了经 AXT 处理的小鼠 DG 细胞中溴代脱氧尿苷（BRDU）的免疫组化标记增加，说明富含 AXT 的饮食能够刺激亚颗粒带（SGZ）细胞分裂。轴突增强神经发生的这些趋势也与莫里斯水迷宫（一个由海马体介导的空间学习任务）的表现改善有关。这一数据尤其令人兴奋，因为它证明了报道的 AXT 在成长和幼小动物大脑中的作用可以导致功能性行为结果和认知能力的明显改善。各种报道暗示细胞的生长和分化途径可能受到 AXT 治疗的刺激。少数研究报道了 AXT 调节 ERK 信号的能力，进一步支持了 AXT 在细胞生长或分化和神经发生中的可能作用。关于 AXT 如何调节 ERK 信号通路发挥一种再生或神经保护机制，这些错综复杂的问题尚未得到充分阐明。虽然 ERK 参与神经发生，但也有迹象表明，AXT 诱导的 ERK 通路激活可能促进 NRF-2 的释放，使蛋白质转运到细胞核，增加 HO-1 等抗氧化防御机制的转录。HO-1 的上调是淀粉样蛋白暴露引起的氧化应激导致的细胞凋亡，这也说明了 AXT 降低氧化应激、保护中枢神经系统的另一种机制。AKT、PI3K 和 MEK 是其他常见的受 AXT 处理影响的细胞信号级联反应酶。这些蛋白参与细胞生长和分化主要的信号转导途径。研究认为 AXT 相关分子的变化有利于介导莫里斯水迷宫性能的改善。脑源性神经营养因子（BDNF）随着年龄的增长而减少，并与老年人（59～80 岁）海马区体积减小和相应的空间记忆受损有关。BDNF 是一种重要的神经生长因子，不仅促进神经发生，而且在调节突触传递中也有报道。

AKT 或 ERK 上调可能是海马区干细胞增殖的潜在机制，而 AXT 也可能通过诱导 BDNF 上调而影响突触可塑性（Grimmig et al.，2017）。

中枢神经系统（包括大脑、脊髓和外周神经）富含不饱和脂肪酸、脂类和铁，代谢活性很高，极易受到氧化损伤，导致许多神经系统疾病的发生。已有大量的研究和临床数据证明，氧化胁迫是神经系统疾病诱发的主要原因或者至少起到促进作用，包括亨廷顿病（HD）、帕金森病以及肌萎缩侧索硬化（ALS）等。而摄入抗氧化剂含量高的食物能降低这类疾病的危险。

给小鼠饲喂天然虾青素的试验表明，虾青素能穿过动物的血脑屏障，在屏障外产生抗氧化活性。因此在预防和治疗帕金森综合征等神经性疾病中，口服虾青素是一种有效的途径。研究发现虾青素可以通过抑制细胞间活性氧分子而显著抑制 6-羟多巴胺诱导的人成神经细胞瘤细胞的凋亡，从而缓解线粒体机能障碍。另外，还发现虾青素可以增加神经细胞膜和线粒体膜的稳定性。这些研究均表明虾青素具有神经保护的活性，可能用于治疗神经性疾病，如帕金森病。有研究报导了虾青素对 β-淀粉样肽 25～35 引起的 PC12 细胞损伤的强烈保护作用，表明虾青素是一种潜在的神经保护剂及早期阿尔茨海默病的治疗药物。

虾青素还可以减少缺血引起的自由基损伤、细胞凋亡、神经变性及脑组织梗死，并能抑制谷氨酸的释放。用从小鼠大脑皮层分离得到的神经突触考察了虾青素对内源性谷氨酸释放的影响，结果显示，虾青素对 4-氨基吡啶诱导的谷氨酸释放的抑制具有剂量依赖性，该研究提出了虾青素除了抗氧化机理外的另一新的神经保护机制。虾青素可以调节 P38 和丝裂原活化蛋白激酶（MEK）信号通路对神经失调进行治疗，促进神经干细胞的增殖，此外，虾青素还可以中和乙醇引起的小鼠脑神经抑制。

第九节 其 他

一、体色改良剂

类胡萝卜素是鸟类羽毛中非常重要的成分，其明亮的黄色、橘黄和红色主要是叶黄素、酮基类胡萝卜素和羟基类胡萝卜素（如虾青素等）所致。红发夫酵母的动物色素沉积试验表明，在虹鳟鱼（Oncorhynchus mykiss）、鲑鱼、龙虾和鸡的蛋黄中虾青素沉积水平最高。饲料中的虾青素可在家禽食用后积累在蛋黄中，使其颜色加深。用类胡萝卜素的抽提物及人工添加虾青素饲喂太平洋小白虾，喂养 14 d 后小白虾均有不同程度的着色效果，测试发现主要的类胡萝卜素源是叶黄素和玉米黄素，在虾体内代谢为虾青素后沉积显色。虹鳟鱼饲料中的虾青素二酯大多数被吸收，在鱼体内虾青素完成从 3S 结构转变为 3R 结构，并在皮肤上积累显色。红发夫酵母有细胞壁和菌膜，而鲑科鱼类不能消化细胞壁和菌膜，因此虾青素不能释放。红发夫酵母的细胞最好是经机械破碎，或用细菌酶部分消化，或与环状杆菌 WL-12 混合培养后，虾青素才能很好地掺入到鲑鱼的肌肉和家禽的蛋黄中。但是，完整的冷冻干燥细胞或经过环状杆菌细胞壁消化酶处理过的完整细胞掺入食粮中后不能使肉着色。与类胡萝卜素的浸提物相比，机械破碎的酵母色素沉积更好。这些差异很可能是由于对虾青素的吸收效率不同。与完整冷冻干燥酵母细胞相比，喂给虹鳟鱼完整经喷雾干燥的酵母细胞也获得了极好的色素沉积。

鲑鱼的红肉色主要来自虾青素及角黄素，在 20 世纪 80 年代早期，合成的角黄素为较佳的色素来源，商品名为 CarophyllRed，每吨饲料中含有 10 磅[①]。后来发现虾青素的肉色沉积效率更佳，且为鲑鱼的天然色素，使鲑鱼呈现粉红肉色。虾青素可与肌动蛋白非特异结合，分析血液生化和肝功能指标，显示以含虾青素饵料饲养的鱼，其血清谷草转氨酶、血清过氧化脂质均显著低于对照组，说明虾青素还有改善肝功能、增强鱼类防御能力的功效。

此外，许多重要鱼贝类的体色（从黄到橙再到红）也都是类胡萝卜素的作用，尤其是黄嘌呤类的作用。常见的有淡水鱼中的叶黄素，金枪鱼黄素，贝类虾青素及角黄素、玉米黄素等。由于海产类（如虾、鲑等）的等级及价格常以色泽强度为依据，而动物自身无法从头合成类胡萝卜素，因此必须依赖食物的供应。但一般圈养水产因为受到限制而缺乏典型的天然色泽，故必须在饲料中加以补充（梁新乐和岑沛霖，2000）。

二、抗糖尿病

随着生活水平的不断提高，糖尿病的患病率也逐年提高，目前已成为继心血管疾病和癌症之后的人类第三大杀手。糖尿病是一种由遗传和环境因素相互作用而引起的临床综合征。糖尿病患者的高血糖症引起的氧化应激可能造成胰岛 B 细胞机能障碍及广泛的组织损伤，而这可能正是糖尿病患者肾衰竭的原因。虾青素可以显著降低 db/db 小鼠的血糖，并恢复胰岛 B 细胞分泌胰岛素的能力，通过维持 B 细胞的功能而非数量来减缓糖尿病及其引起的肾衰进程。Nakano 等考察了虾青素与维生素 C、维生素 E、生育三烯酚联合使用对链脲霉素诱导的糖尿病小鼠的影响，指出当虾青素与维生素 E 联合使用可以显著降低糖尿病小鼠中 8-羟基-2′-脱氧尿苷（DNA 氧化损伤产物）、肌酐（肾功能损伤排泄物）及蛋白质含量，说明该药物可以降低小鼠机体内糖尿病导致的氧化应激，但当虾青素与维生素 C 联用时，脂质过氧化产生的自由基增加，而作用机制尚未知。

① 1 磅(lb) = 0.453592 kg。

三、维生素 A 的前体（鱼类）

　　虾青素除了色素沉着功能以外，还对动物的繁殖和健康等各个方面有促进作用。虾青素作为类胡萝卜素的一种，其中一个最重要的生理功能是其在鱼类的各种生理活动中充当维生素 A 的前体。几乎所有的鱼类都能够通过酶系统将虾青素转化成维生素 A。虾青素作为鱼类体内维生素 A 的一种主要来源，其在结构上与视黄醇和 β-胡萝卜素相关。当用缺乏维生素 A 的饲料喂养虹鳟鱼（*Oncorhynchus mykiss*）时，虾青素可以被生物转化为维生素 A_1 和维生素 A_2。在动物体内许多基本的生物过程中，维生素 A 均扮演着十分重要的角色，包括视觉、繁殖、促生长以及骨骼发育。现已知维生素 A 在胎儿发育过程中参与和调节胚胎细胞的增殖与分化，而缺乏维生素 A 会导致上皮细胞的分化异常（于晓，2013）。

第四章 雨生红球藻规模化培养

第一节 藻 种 选 育

雨生红球藻是一种微型单细胞绿藻，具有特殊的生物学性质，其生活史呈现多样性，具有游动细胞、游动孢子、不动细胞及不动孢子四种形态。在弱光、氮磷丰富的环境中主要以绿色的游动细胞形式存在，在该环境中雨生红球藻生长旺盛，细胞内含有少量虾青素；而在不利于生存的条件（强光照、高温、高盐和营养盐饥饿）下，则以不动孢子（厚壁孢子）形式存在，此时，藻细胞中常因含有大量虾青素而呈现红色（蔡明刚和王杉霖，2003）。

在藻种和菌种的改进方面，传统的选育方法如原生质体融合、物理诱变（紫外线和放射线等）、化学诱变（甲磺酸乙酯、亚硝基胍等）等方法易操作，可以在一定程度上提高细胞内的虾青素含量，但随机性大，方向性差。并且通常会使细胞的生长速率降低，生物量减少。通过代谢工程方法改进藻种和菌种是现代育种技术的发展方向。它融合了生物工程和反应工程的特点，其实质就是在细胞内代谢途径网络分析的基础上进行定向的有目的的改变，从而更好地利用细胞代谢进行化学转化、能量转导和超分子组装，即在对细胞内代谢网络进行系统分析的基础上，采用基因工程技术调整和改造细胞内的网络以提高目标产物的得率或改变微生物的性能。

代谢工程研究的第一步是在明确细胞内目标产物合成路线的基础上，对微生物细胞的代谢网络进行通量分析，确定影响目标产物产量提高的关键反应（结点），从而为菌种改造和反应调控提供依据。以前这方面的研究工作主要集中于：①藻类，如蛋白核小球藻（*Chlorella pyrenoidosa*）、蓝藻（*Snechocystis*）和大型海洋红藻（*Ochtodes secundiramea*）；②高等植物叶绿体，如大麦（*Hordeum vulgare* L.）、地钱（*Marchantia polymorpha*）等植物的叶绿体；③细菌，如大肠杆菌（*Escherichia coli*）；④真菌，如酵母（*Saccharomyces cerevisiae*）。丹麦的 Nielsen 等采用 ^{13}C 标记法对能够合成虾青素的酵母（红发夫酵母）细胞内的代谢通量进行了分析。而对能够合成虾青素的雨生红球藻的研究则未见报道。

代谢工程的第二步是在第一步的基础上采用基因工程和蛋白质工程的手段对细胞内的代谢网络进行改造，如敲除或引入某些基因以及大量表达一些关键酶的编码基因等。在生物合成虾青素及其他类胡萝卜素的研究中，由于编码虾青素合成路线中 27 种不同酶的 150 多个基因已经从细菌、植物、藻类和真菌的细胞中克隆出来，因此这就为采用代谢工程技术构建工程菌种和优化虾青素合成代谢网络提供了基础。但目前这方面的研究工作主要是将虾青素的合成基因克隆到原来不能合成虾青素的大肠杆菌和假丝酵母（*Candida utilis*）以及烟草的细胞中，使其能够生成虾青素。然而，存在的问题是这些转基因的大肠杆菌由于细胞内合成虾青素的前体物质的数量和目标产物的库容量有限，因而类胡萝卜素含量非常低 [0.01～0.5 mg/g（干细胞重量）]，而天然具有虾青素合成能力的雨生红球藻的虾青素含量最高达到 50 mg/g。对于真核微生物假丝酵母进行的研究也表明，转基因假丝酵母和大肠杆菌一样，虾青素产量也很低（0.4 mg/g）。由此可以看出，早期采用代谢工程的方法对不能合成虾青素的微生物的改造都是初步探索性的研究，所构建的工程菌还不能用于虾青素的商业化生产。值得一提的是，荷兰的 Visser 等开始采用代谢工程手段对红发夫酵母细胞内的虾青素合成路线中编码八氢番茄红素合成酶（PSY）和小氢番茄红素脱氢酶的基因进行过量表达。然而，由于对红发夫酵母细胞内的代谢通量分布不明确，上述研究的随机性较大，因此虾青素产量不仅没有提高反而降低。这一试验结果进一步说明了对细胞内的代谢网络和代谢通量分析的重要性。此外，对雨生红球藻代谢工程方面的研究则未见报道，原因可能是雨生红球藻有细胞壁，操作难度比红发夫酵母还要大（董庆霖，2004）。

第二节　营　养　液

淡水微藻是类胡萝卜素中虾青素的最佳微生物源之一，但在传统培养基中培养，微藻生长速率低且细胞密度低。对培养基组分进行优化，可有效提高雨生红球藻的生物量和产率。

一、营养元素

1. 碳

由于雨生红球藻能以 CO_2 作为碳源进行光合作用，同时又能利用有机碳源进行异养生长，因此对碳源的研究相对较多（Li et al.，2020）。培养液中自然溶解的 CO_2 浓度较低，不能满足雨生红球藻迅速生长的需要，需要不断补充 CO_2，同时也可添加 $NaHCO_3$ 或乙酸钠等。在光照下其生长所需的乙酸盐最适浓度为 15～30 mmol/L，而在暗处适宜浓度为 22.5～30 mmol/L；当培养液中的乙酸盐浓度大于 30 mmol/L 时，雨生红球藻生长受到抑制。丙酮酸盐优于乙酸盐，它在高浓度时对红球藻的抑制作用较乙酸盐小，且更有利于红球藻的生长和虾青素的积累；

但二者同时使用时（丙酮酸盐 20 mmol/L，乙酸盐 15 mmol/L）对细胞生长和类胡萝卜素积累均起促进作用。在酸性条件下（如 pH 小于 5.0）乙酸盐对红球藻产生一定的毒害作用，最适合虾青素合成的乙酸钠浓度为 1.64 g/L。但碳源加入过量将严重抑制红球藻的生长。

2. 氮

氮是雨生红球藻生长的必需元素，雨生红球藻的最适氮源为硝酸盐。铵盐效果不如硝酸盐，因为在高浓度和高温情况下，铵盐对雨生红球藻产生毒害。尿素的效果虽然不错，但可经一系列反应生成氨，氨积累到一定的浓度引起红球藻大量死亡。因此一般用硝酸盐培养雨生红球藻。适宜的氮浓度为 2.5～10 mmol/L。高浓度的氮有利于细胞生长，但不利于虾青素积累。虾青素的大量积累总是在培养液中的总氮浓度下降到 5.0 mol/L 开始的。缺氮环境对雨生红球藻的影响试验结果表明，色素的积累速率与培养基中的初始氮浓度成反比，也与细胞分裂速率呈负相关。当 BBM 培养基中 $NaNO_2$ 的浓度减半时（0.13 g/L）对藻细胞的增殖和色素积累都有利。在光照强度较高时，氮饥饿抑制细胞分裂但色素积累作用加强，色素积累高峰比对照组提前 2～4 d。然而，尽管普遍认为低氮有利于虾青素合成，但缺乏氮源对于虾青素的合成并不是很有效。

3. 磷

磷对雨生红球藻细胞的生长和虾青素合成的作用没有氮显著，中等浓度的磷即可满足红球藻的生长需要，K_2HPO_4 的浓度一般为 0.1 g/L。不同浓度的磷对红球藻生长的影响不明显，而对于有利于虾青素积累的磷浓度，不同的研究结果甚至相反。

4. 铁

雨生红球藻对铁浓度的适应范围很广，二价铁离子（Fe^{2+}）能促进虾青素合成，雨生红球藻生长的最适宜 Fe^{2+} 浓度为 0.5 mg/L。较高的 Fe^{2+} 浓度（2.25×10^{-2} mol/L）有利于虾青素的合成和积累。当 K 存在时这种作用受到抑制，Fe^{2+} 与乙酸盐一同加入时，将更有利于对雨生红球藻的虾青素积累产生协同作用。但是，Fe^{2+} 的效果不如氮、磷营养盐显著。

5. 维生素

雨生红球藻的生长并不需要维生素，但添加维生素 B_1 和维生素 B_{12} 能促进其生长，并且 B 族维生素效果更显著。但有关维生素对雨生红球藻生长的作用仍有争议。

6. 碳氮比（C/N）

培养基中的 C、N 平衡决定虾青素的合成速率。当加入乙酸盐时，雨生红球藻细胞形成厚壁孢子，细胞内 DNA 含量上升，蛋白质含量下降；当乙酸盐和硝酸盐一起加入时，红球藻的变化受到抑制，从而表明厚壁孢子的形成是由高 C/N 引发的，伴随厚壁孢子的形成，藻细胞开始大量合成虾青素（蔡明刚和王杉霖，2003；董庆霖，2004）。

二、培养基的选择

如前所述，对微藻生长及虾青素积累的影响因子已开展了大量的研究，但其中大多数研究主要针对单一因子的影响效应。近年来，完整的培养基配方研究逐渐引起了国内外学者的关注，尝试通过高效的培养基配方与环境条件相结合，实现虾青素更高效的生产（蔡明刚和王杉霖，2003）。

雨生红球藻常用的培养基主要有 A9、BBM、PHM-1、Z8、MCM 和 BG-11（表 4-1）等，这些培养基的组成成分差异较大。这一方面说明雨生红球藻适应能力较强；另一方面说明目前还未能探索出红球藻的最适宜培养基。对自养培养基（BBM、Z8、A9）、异养培养基（KM1）和混合营养培养基（MM1、MM2、KM2）上生长的雨生红球藻积累的虾青素进行分析显示，在自养培养基中，BBM（1.5×10^5 cells/mL）最适合生长。在 KM1、MM2 和 KM2 培养基中获得细胞数分别为 3.0×10^5 cells/mL、3.25×10^5 cells/mL 和 4.2×10^5 cells/mL。KM1 培养基培养的类胡萝卜素含量为（181 ± 4.0）pg/cell，虾青素含量为 88.67%；然而，生长在含有 KM1 培养基琼脂上的细胞积累了 2.5 倍多的类胡萝卜素。微量元素和 B 族维生素添加到 MM1、MM2 和 KM2 培养基中，虾青素的含量分别增加了 1.5 倍、1.35 倍和 2.02 倍。添加微量元素和 B 族维生素的 KM2 培养基生产虾青素效果最好，产量达 2.2%（质量分数）。

表 4-1　BG-11 培养基的组成

元素类型	成分	浓度/(mg/L)	元素类型	成分	浓度/(mg/L)
大量元素	NaNO_3	1500	微量元素	ZnSO_4·7H_2O	0.0444
	MgSO_4·7H_2O	75		CuSO_4·5H_2O	0.069
	CaCl_2·2H_2O	36		MnCl_2·4H_2O	1.81
	KH_2PO_4·H_2O	47.5		NaMoO_4·2H_2O	0.39
	Na_2CO_3	20.0		Co(NO_3)_2·6H_2O	0.494
	柠檬酸	6.0		H_3BO_3	2.86
	EDTA 二钠	1.0			
	柠檬酸铁铵	6.0			

在自养培养基中，BBM 最适合细胞生长，而 Z8 和 A9 培养基生长缓慢。第 10 d 时 BBM（$1.5×10^5$ cells/mL）和 Z8（$0.8×10^5$ cells/mL）细胞计数最高。异养 KM1 培养基第 5 d 时细胞生长明显加快，最大细胞数为 $4.35×10^5$ cells/mL，是当日 BBM 培养基（$0.217×10^5$ cells/mL）细胞数的 20 倍。与自养培养基中观察到的营养期延长不同，KM1 培养基中的细胞在 5 d 后出现早期包囊，随后进入生长停滞期。在研究的混合营养培养基中，MM1 培养基延长了营养期，而 MM2 培养基和 KM2 培养基的细胞计数分别增加了 1.16 倍和 1.5 倍。雨生红球藻在异养培养基（KM1）和混合营养培养基（MM2 和 KM2）中的生长速率均快于自养培养基。研究还发现 Z8 培养基适合于保持倾斜培养，MM1 适合于维持细胞的营养生长（Tripathi et al.，1999）。

由于铁和锰离子可提高类胡萝卜素的浓度，为了增加虾青素的含量，有研究将基础培养基改性为富含金属离子的培养基，称为改性培养基。在改性培养基中生长的藻类具有几种独特的特性。首先，改性培养基大大提高了类胡萝卜素的合成速率，最终的类胡萝卜素含量可达 20 mg/g，是之前基础培养基的 2 倍。其次，在类胡萝卜素的生物活性作用下，叶绿素的合成在改性培养基中受到明显的抑制，呈现出不变的红色细胞外观。再次，与基础培养基相比，雨生红球藻细胞在改性培养基中细胞数量没有增加。取而代之的是，大约 10% 的藻细胞在平均直径上增长到 50～70 μm，是基础培养基的 2～3 倍。其余的种群完全变成无色的细胞群，表现出了明显的生理变化。这种改性介质的漂白效果尚待阐明。最后，在改性培养基中，雨生红球藻细胞进入包囊期的时间较短（5～6 d），而在基础培养基中需要 20 d 以上，藻囊含有高水平的类胡萝卜素。从这些观察结果可以看出，藻类在改性培养基中必须沿着不规则的细胞周期生长。此外，这些形态学上的变化很可能是改性介质中铁和锰等高浓度的金属离子造成的。

为了提高海藻中虾青素形成的生产力，在改性培养基中加入了几种可能的类胡萝卜素合成前体，考察其刺激作用。甲戊酸甲酯是类异戊二烯化合物生物合成中形成 3-羟基-3-甲基戊二烯-CoA（HMG-CoA）的关键中间体，在类胡萝卜素的形成中起着重要的作用。此外，丙酮酸、丙二酸酯和丙烯酸二甲酯似乎能促进类胡萝卜素的合成。虽然异亮氨酸是 HMG-CoA 的前体，但它似乎抑制了细胞的生长。三羧酸循环（TCA）中琥珀酸、富马酸、苹果酸、草酰乙酸等几种中间产物在改性培养基中均有 10 mmol/L 的抑制作用，而三孢布拉霉菌中 β-胡萝卜素的合成则由这些 TCA 中间产物促进。

由于丙酮酸盐似乎是乙酸盐的一个很好的替代品，所以在改性培养基中研究了丙酮酸盐浓度对类胡萝卜素合成的影响。尽管在 30 mmol/L 以上的高浓度下，丙酮酸盐对细胞生长和类胡萝卜素合成的抑制作用较强，但在改性培养基中，丙酮酸盐作为底物的抑制作用较小，因此丙酮酸盐是一种较好的底物。此外，当乙酸盐和丙酮酸盐同时使用时，这两种底物对细胞生长和类胡萝卜素的产生都有促进作用（Kobayashi et al.，1991）。

第三节　培　养

一、培养条件

1. 光照

光照是雨生红球藻光合作用的能量来源，同时也是诱导虾青素大量积累的重要因子（Pereira et al.，2020）。虾青素的合成量与光的剂量（光照强度×光照时间）呈正比例关系。雨生红球藻生长和虾青素合成所需的光照强度是不同的，光照强度高有利于虾青素积累而不利于生长，而光照强度低正好相反。目前，关于雨生红球藻生长和虾青素积累的最适光强，不同的研究试验得到的结论不同。有试验表明生长的最适光强为 50～60 mol quanta/(m^2·s)，饱和光强为 90 mol quanta/(m^2·s)。而其他试验则认为雨生红球藻合成虾青素的最适光强为 140～280 mol quanta/(m^2·s)，与此一致的试验提出虾青素积累的最适光强为 160 mol quanta/(m^2·s)。当雨生红球藻生长的较适光强为 30 μE/(m^2·s)，光照强度高于 50μE/(m^2·s)时虽然能促进虾青素合成，但却抑制了细胞生长，红光比蓝光更有利于红球藻的生长，而蓝光有利于虾青素的合成。不同温度条件下雨生红球藻的光饱和点与光补偿点也不同，170℃、250℃、330℃时雨生红球藻的光饱和点分别为 260 μE/(m^2·s)、320 μE/(m^2·s)、320 μE/(m^2·s)，补偿点分别为 80 μE/(m^2·s)、70 μE/(m^2·s)、100 μE/(m^2·s)。

2. 温度

雨生红球藻适宜的生长温度较低。研究显示，雨生红球藻的最适温度为 14～15℃，也有研究认为其最适生长温度为 25～28℃。当环境温度高于 28℃时就会抑制藻细胞的生长。高温虽不利于生长但有利于虾青素积累，在 30℃时虾青素的含量是 20℃时的 3 倍。一般认为红球藻在 20～28℃生长较好，超过 28℃，藻细胞生长速率减慢，游动细胞变为静止孢子。

3. pH

雨生红球藻生长的最适 pH 为中性至微碱性（pH = 7.8），虽然在 pH = 11 的条件下仍能生长，但生长速率很低。目前较多采用的 MCM、BBM 及 BG-11 等培养基缓冲能力都较弱，静置培养几天后，培养液的 pH 就会上升，影响了生物量的增加，因此在红球藻的培养过程中随着营养盐的利用，溶液的 pH 很快升高，通常达到 10 以上，当 pH 上升到 11 以上时，细胞由游动转为不动，开始大量下沉。此时可用 Tris 缓冲液调整培养基的 pH。

4. 盐度

盐度增加不利于红球藻生长但有利于虾青素积累，随着盐度的增加，红球藻光合作用效率下降，生长速率减慢，虾青素含量上升，当盐度升到 1%时，红球藻由游动状态转为不动状态，同时积累大量的虾青素（董庆霖，2004；黄水英，2008）。

5. 贴壁培养

传统的微藻培养是浸没式的，这种体系中水的比重很大，藻细胞在培养过程中始终悬浮在水中吸收培养基中的营养盐。这种方法存在用水过多、易污染、采收难、规模化困难等缺点，容易造成极大的资源浪费。微藻固定化培养目前正在被越来越多的人所接受，并已经广泛应用于污水处理行业，用来去除污水中富余的氮、磷离子。所谓固定化培养就是将藻液吸附固定至支撑材料面上，在材料表面持续提供培养基，维持藻细胞生长的一种技术。一种新型的光生物反应器被报道，这种新型的光生物反应器是将藻液固定在专用容器中，使用激光作为光源，意在解决微藻培养过程中光传播不均匀的问题。其原理是基于光在传递时，倏逝场将光传递到表面结合的光合生物体上，最终结果使藻细胞生长的容积效率提高了 12 倍（张文铎，2014）。

二、生物反应器培养

雨生红球藻在应激条件下产生大量有价值的红色酮类胡萝卜素——虾青素。在生产上有两种方法主要关注雨生红球藻的大批量生产。其中，一种方法是将生物量（最佳生长阶段，绿色阶段）和色素（永久胁迫，红色阶段）的生产在时间上分离，另一种方法是在稳定状态限制胁迫下的连续培养。从藻类基本生理的角度，比较分析了两种情况下色素积累的产率、效率和产量。室内两步法生产系统生产出更丰富的虾青素产品（占干生物量的 4%），最终虾青素生产能力为每天 11.5 mg/L，更易于升级，更适合户外生产。此外，每个阶段都可以通过独立调节有效辐照率与细胞密度的比值，优化绿色生物量的生长和红色素的积累。得到的结论是，两步法生产系统比一步法生产系统性能更好（提高了 2.5 倍），而前者最适合于高效的大批量生产。

在连续模式下对生产次生代谢物的研究显示，虽然一步法生产系统在生理上很有趣，但在大规模生产上它有几个缺点更加突出，如虾青素含量低，其不适合室外设置（如连续照明的要求）。两步法生产系统被广泛证明在生产率和效率参数上具有优势。在合理的水平上，它具有试验灵活性和基于生理与生产工艺参数进一步优化的潜力，研究者认为它是大规模、商业化从雨生红球藻中提取虾青素的选择体系（Aflalo et al.，2007）。

近年来，国外利用雨生红球藻提取天然虾青素的技术已取得长足发展。瑞典已有公司采用全密闭式（人工源照射）的光生物反应器生产虾青素。美国的 Aquasearch 公司在计算机控制的 25000 dm^3 室外密闭光生物反应器（AGM）中进行雨生红球藻培养。而 Cyanotech 公司则采用密闭的"平台"式光生物反应器进行雨生红球藻的培养（蔡明和王杉霖，2003）。

在 2003 年，对淡水单细胞绿藻雨生红球藻生长和酮类胡萝卜素（虾青素）的生产已在 30 L 气升式光生物反应器中进行了评价。由于海藻在不同的培养阶段对培养的要求不同，研究采用两阶段分批生产工艺（在培养前和培养后有效地加入 NaCl）对生物量和虾青素进行研究。在第一阶段，反应器内的条件（光强、氮和磷酸盐水平）保持不变，以实现藻类的高增长率。当反应器中的藻类达到生长的固定阶段，介质中氮和磷酸盐的水平变得严重枯竭时，NaCl 会被添加以刺激合成酮类胡萝卜素（>95%的虾青素，主要为单酯类和双酯类，尤其是双酯类）的形式，在一定程度上克服了增加辐照度水平的需要。雨生红球藻在空气中表现出较高的生长速率，积累了高达 2.7%的虾青素（占藻类干细胞质量的比例）。但是，这低于在实验室规模条件下可以实现的目标（>5.5%）（Harker et al.，1996）。

光生物反应器技术的最新发展使得从雨生红球藻中生产虾青素具有商业可行性。Aquasearch Growth Module（AGM）是一个 25000 L 的密闭式计算机户外光生物反应器，主要用于生产大量清洁、快速生长的雨生红球藻。在 AGM 中产生的雨生红球藻生物量每天被转移到池塘培养系统中，在那里诱导胡萝卜素的生成和虾青素的积累。经过 5 d 的诱导期后，通过重力沉降获得变红的雨生红球藻细胞。收获的虾青素为生物量平均干重的 2.5%，被转移到处理间进行高压均质机破壁。生物质被均质化后，利用专利干燥技术将其干燥到水分低于 5%。干燥后的产品可以根据客户的需要进行包装。光生物反应器的使用使静止生物量浓度从 50 g/m^2 增加到 90 g/m^2，产量从 9 g/m^2 增加到 13 g/m^2。生物反应器构型及其设计变量也会对雨生红球藻营养细胞培养产生较大的影响，以达到可持续的高细胞密度（Olaizola，2000）。

1. 剪切应力

由于雨生红球藻对剪切应力高度敏感，不推荐使用通常所称的搅拌槽等引起高剪切的反应器。幸运的是，雨生红球藻生长过程缓慢，它不需要高速率的传质和混合，因此，使用高性能但能耗高的搅拌槽是没有必要的。气动生物反应器成为一种理想的替代方式。在气泡塔或气升式生物反应器等气动系统中，混合和传质仅仅是由曝气诱导的,曝气产生的剪切水平非常低,而且比搅拌槽的能耗低得多。比较同一操作条件下气泡塔或气升式生物反应器的差异,雨生红球藻最大比生长速率细胞密度在气升式生物反应器中为 7.95×10^5 cells/(mL·0.45 d),高于气泡塔的 4.2×10^5 cells/(mL·0.36 d)。与气泡塔内的随机流型相比,气升式生物反应器的结构提供了一种良好的流型。因此,空气提升系统中的大多数细胞将沿着反应器的轴向循环,并将暴露在沿反应器长度提供的光线下。换句话说,在气升式生物反应器中,均匀的流动模式导致了细胞从暗区(上升管)到亮区(下降管)的某种运动。此外,在气泡柱中,由于没有形成清晰的流动模式,因此反应器内细胞的运动是随机的,即细胞可能长时间停留在高强度或低强度的区域而没有再循环。由于细胞在气升式生物反应器中比在气泡塔中更容易受到光照,因此可以预期光合作用在气升式生物反应器中发生得更为显著。所以,在气升系统中细胞的生长比在气泡柱中更好。此外,目视检查常发现存在大量的细胞团块,导致细胞在气泡柱内沉积,这是气升式生物反应器所没有的情况。即使在较低的曝气率下,气泡柱中也已经观察到藻类形态从可动到不可动的变化,说明气泡柱中的条件可能不适合藻类的生长。

2. CO$_2$

海藻生物量约为碳的 40%～50%(质量分数),因此光自养培养物的生长速率本质上取决于光合作用所需的碳基质的充足供应。采用光自养条件,以 CO_2 为主要碳源培养雨生红球藻,向系统供气气流中加入 1% 的 CO_2,无论是从最大细胞密度还是从比生长速率来看,都能获得最佳的培养效果。可达到的最大细胞密度为 7.95×10^5 cells/mL 或 2.79 g/L 干重,与不添加 CO_2 的水平相比几乎增加了 9.5 倍。在 1% CO_2 条件下,体系的比生长速率为 0.45 cell/d,明显高于不添加 CO_2 条件下体系的比生长速率。这清楚地表明了 CO_2 对雨生红球藻培养的重要性,并利用添加 1% CO_2 的气流进行了后续试验。

3. 曝气率

在不通气的条件下,培养 10 d 后,细胞浓度从 2×10^4 cells/mL 的初始水平增长到 3.59×10^4 cells/mL(0.08 g/L 干重),仅略有升高。当曝气率为 0.4 cm/s 时,雨生红球藻生长速率最快,最大细胞密度和最大比生长速率分别为 7.95×10^5 cells/mL 和 0.45 cells/d。然而,有趣的是,进一步增加曝气速率(高于 0.4 cm/s)对生长却没有好处。事实上,在 2 cm/s、2.5 cm/s、3 cm/s 的较高流速时,细胞密度最大值分别急剧下降至 2.6×10^5 cells/mL、9×10^5 cells/mL、6×10^4 cells/mL,比生长速率分别为 0.34 d^{-1}、0.32 d^{-1}、0.11 d^{-1}。由于设备的限制,在 0.4 cm/s 以下无法准确调节气流,因此不能得出 0.4 cm/s 的浅层气体流速为最优水平的结论。但在此条件下得到的比生长速率（0.45 d^{-1}）明显高于文献报道的大多数数据，仅次于 Kobayashi 等（1992）在混合营养条件下培养 100 mL 的比生长速率 0.58 d^{-1}。增加曝气率通常会诱导气升系统中气液相之间的混合、液体循环和传质。较高的传质也可能促进氧气等气体的去除，防止其积累，从而可能对生长产生不利影响。然而，在气升系统中分批培养的雨生红球藻，曝气率增加为 0.4 cm/s 以上对细胞培养产生了负面影响。这被认为是高曝气率引起的剪切应力造成的，说明雨生红球藻细胞具有高度的剪切敏感性，即使是曝气引起的剪切也会破坏雨生红球藻的生长。这一解释得到一些研究的支持。例如，Gudin 和 Chaumont（1991）指出，在光生物反应器中培养微藻的关键问题是剪切应力造成的细胞损伤。Hata 等（2001）阐明了，处于指数生长阶段的绿色营养细胞的培养，由于其脆性，需要较低的液体流速。为进一步研究曝气效果，对不同曝气率下雨生红球藻的结构进行了监测。浅层气体流速的增加可以显著改变细胞形态，从营养细胞向非运动的绿色细胞或包囊转变。换句话说，随着曝气率的增加，非运动细胞的比例变得更占优势。在 0.4 cm/s 的曝气率下，相对于营养细胞的数量，观察到非常少的一部分非运动的绿色细胞。在曝气率大于 2.5 cm/s 时，很难观察到营养细胞。从细胞增殖的角度来看，营养细胞的生产能力更强，尤其是在高剪切应力条件下，如果细胞不能保持营养状态，就很难获得较高的细胞密度。

4. 降水管截面积比

降水管截面积比（Ad/Ar）为 3.2 的气升运输可以为雨生红球藻带来更高的增长水平，此时的最大细胞密度和比生长速率分别为 7.95×10^5 cells/mL 和 0.45 d^{-1}；降水管截面积比为 0.9 时最大细胞密度和比生长速率分别为 4.6×10^5 cells/mL 和 0.38 d^{-1}。Ad/Ar 越高，意味着系统的立管越小，这提高了立管液流速度，同时显著降低了降水管液流速度（因为降水管的横截面积比立管大得多）。由于光只照射在塔的外表面，所以下流道的电池比立管的电池更容易受到光的照射。因此，较低的降液速度可能会使该区域的细胞利用光的时间更长，这似乎对细胞的生长有积极的影响。

5. 光照强度

采用曝气率为 0.4 cm/s 的气升式生物反应器，在分批培养模式下进行光照强度试验。在 5 种不同的表面光强下，细胞密度和比生长速率随着光强的增加而增加，光强可达 20 µmol guanta/(m^2·s)。而光强的进一步增加导致细胞密度和比生长速率降低，这可能是光抑制导致的。在低于 40 µmol guanta/(m^2·s) 的光照强度下，几乎所有细胞都处于营养状态。当光强超过 50 µmol guanta/(m^2·s) 时，细胞可能发生形态学改变，即由营养细胞转变为包囊，并伴随虾青素的积累。这强调了在强光照条件下可以诱导雨生红球藻内虾青素的积累。Boussiba 和 Vonshak（1991）也有类似的发现，在超过 90 μmol guanta/(m²·s)的光强下，虾黄素的积累受到刺激。然而，在该项研究中虾青素在低至 40 μmol guanta/(m²·s)的光强下也能很好地积累。当光强增加到 60 μmol guanta/(m²·s)时，细胞不再生长。在生长方面，虾青素的积累不是一个好迹象，因为这是细胞分裂开始停止的条件。因此，如果培养的主要目的是使细胞生长，就必须避免这种情况。因此，20 μmol guanta/(m²·s)是雨生红球藻生长的最佳光强（Kaewpintong et al.，2007）。

使用发光二极管发红色(λ_max = 625 nm)、绿色(λ_max = 525 nm)、蓝色(λ_max = 470 nm)、蓝紫色（λ_max = 410 nm）和紫色（λ_max = 380 nm）光的灯和荧光灯对细胞生长和虾青素积累的影响进行了研究。研究发现，发光二极管发出短波长（380～470 nm）的光，可诱导虾青素在每个干细胞中积累高达 5%，尽管这种诱导会抑制细胞生长。根据这些结果可提出一种新的策略，即在光照条件下，用红色 LED 照射培养雨生红球藻，同时不诱导虾青素积累的高水平，然后在光照条件下改用蓝色 LED 照射，诱导虾青素积累的高水平。虾青素的积累是诱导后立即开始的，用蓝色 LED 照明 140 h 后增加到至少 42 μg/mL 或干重的 5.5%。相比之下，虾青素在整个培养基中被红色 LED 照射后的积累时间较晚，在 180 h 后才开始积累，而且积累量更低。这项研究表明，LED 发出的不同波长的光对雨生红球藻的细胞生长和虾青素的产生有不同的影响。在较低的光强下工作的红色 LED 适合于更换培养基进行细胞生长；发光二极管的短波长（380～470 nm）可诱导毛囊藻的形态变化，增强虾青素的积累。发光二极管发光生物反应器的光照是控制细胞生理状态的一种有效手段。利用光生物反应器中细胞对发光二极管发出不同波长光照的响应是一种很有前途的虾青素生产方法，目前正在进行高浓度培养的研究（Katsuda et al.，2004；黄水英，2008）。

6. 光生物反应器类型

光生物反应器是自带光源（或可透光）的主体为透明材质（如玻璃）的生物反应器。在大规模培养微藻时选择合适的光生物反应器有着重要的作用。光生物反应器的设计应根据影响微藻生长的几个重要参数来考虑。微藻的生长受到 CO_2 浓度、光照强度、接种浓度及营养盐等方面的影响，如 CO_2 的传送、光照的分布及最佳细胞浓度均受到表面积与体积比例的影响，因此在设计时应使反应器能够将各个参数控制在最佳比例。

1）开放式

开放式光生物反应器主要是指带有搅拌桨的环形跑道池，因其具有结构简单、易于放大、成本较低等优点，在微藻培养中得到了广泛的关注，但只在某些生长快速和抗污染能力强的小球藻、螺旋藻、盐藻等少数微藻的养殖中能够成熟运用，因为这几种微藻或能够在极端环境下生长（如螺旋藻和盐藻能够适应高 pH 与高盐度环境），或本身生长速度极快，能够在短时间内获得生长优势，如小球藻。例如，国内的荆州市天然虾青素有限公司（http://www.asta.cn/）和美国的 Cyanotech 公司（http://www.cyanotech.com/）都利用了不同规格的环形跑道池进行雨生红球藻的胁迫变红培养。但开放式跑道池由于培养环境不稳定、培养条件无法控制、效率较低、容易被污染、很难实现无菌培养等缺点，一般在工业化生产中只能用于螺旋藻、小球藻、盐藻等少数特定微藻的培养和胁迫变红阶段的养殖。

2）密闭式

密闭式光生物反应器是由透明材料制成，它们除了能采集光能外，其他方面与传统的微生物发酵用生物反应器相似。密闭式光生物反应器结构复杂，比表面积大，生长参数容易控制，培养环境非常稳定；容易控制污染；产率较高；但放大较难，成本较高。目前密闭式反应器有多种形式，如管式、平板式、发酵罐式和柱状气升式等。

密闭式光生物反应器由于其不易受污染且过程控制容易实现的特点在雨生红球藻培养中得到了广泛的使用。密闭式光生物反应器的种类比较丰富，如石林爱生行生物科技有限公司在绿色细胞培养阶段所使用的平板式光生物反应器；瑞典 BioReal 公司（http://www.bioreal.se/）在混养培养时所用的圆柱形光生物反应器；日本富士公司（http://www.fujichemical.co.jp/）使用的半球形光生物反应器等。在密闭式光生物反应器中，管道式光生物反应器的运用最为广泛，国内的云南爱尔发生物技术有限公司（http://www.alphy.com.cn/）、石林爱生行生物科技有限公司，以色列的 Algatechnologies 公司（http://www.algatech.com/），美国的 Mera Pharmaceuticals 公司（https://www.merapharmagmbh.com/），在绿色和胁迫变红阶段都使用了不同尺寸的管道式光生物反应器。

1986 年，Ortega 和 Roux（1986）首次开发平板式光生物反应器，此种反应器具有结构简单、光能利用效率高、易放大等优点并可通过调整角度获取所需的光照条件。其较短的光通路及强烈的气流湍动，是实现高密度、高产培养的有利条件。岳丽宏和郝欣欣（2012）建立了单侧和双侧照明的平板式光生物反应器内的光分布模型，为平板式光生物反应器的优化提供了理论依据。许波和王长海（2003）在平板式光生物反应器中对微藻 *Parietochioris incisa* 进行了放大培养。在优化了通气速率和培养密度后使微藻细胞的培养密度达到了 5.15 g/L。吴电云等（2011）探索了平板式光生物反应器的光径对金藻生长及有机物质的影响，结论为金藻的生长速率、单位体积产量及总脂、蛋白质和多糖占细胞干重与光径呈负相关，单位面积产量与光径呈正相关，为金藻的大规模培养提供了理论依据。

Suh 等（2016）则设计了双层结构的反应器用于雨生红球藻的培养，该新型反应器的内层用于雨生红球藻细胞的生长，外层用于诱导积累虾青素，两层间的细胞通过气流的运动混合在一起，雨生红球藻细胞在该反应器内培养的条件下，虾青素的积累量最高可达细胞干重的 5.79%。Zhang 等（2009）和 Choi 等（2011）则是在现有的反应器类型（开放式圆池及气升式反应器）的基础上，加设人工光源，通过调节光照强度的强弱，从而将两步法生长模式的两个单独分开的步骤合成一个步骤进行，并获得较高雨生红球藻的细胞生长量及虾青素含量。

　　管式光生物反应器一般采用透明的直径较小的玻璃或有机玻璃管，将其弯曲成不同形状后，利用管道的透光性，借助外部光源进行大规模藻类生产。其中又分为螺旋管道式光生物反应器、水平放置管道式光生物反应器及环形管式光生物反应器。吴良柏等（2010）研究了小球藻在两种螺旋管式光生物反应器中的流动形态，确定了小球藻的运动轨迹，比较了不同反应器的纵向混合性能，结果证实螺旋管式光生物反应器对小球藻的纵向混合性能远高于直圆管反应器。王永红等（2001）使用密闭式光生物反应器培养集胞藻 *Synechocystis* sp. PCC6803，并比较了混合营养培养与光自养培养的生长情况，结果证明密闭式光生物反应器的混合营养对促进细胞增长有显著作用（侯冬梅，2014）。

　　3）不同光生物反应器比较

　　上述各种生物反应器在企业生产中都有成熟运用，说明了利用开放式和密闭式光生物反应器来实现雨生红球藻的规模化培养是经济可行的。在实际生产中需根据光生物反应器的特点（表 4-2～表 4-5）、场地环境、生产规模等因素选择光生物反应器。虽然密闭式的光生物反应器在造价和运行成本上的投入要比开放式的高，但在污染控制、过程控制、光利用率上的优势，使得其在生产上可以获得比开放式光生物反应器更高的产量以及更好的产品质量。但密闭式光生物反应器的放大仍缺乏足够有效的理论支持，不足以支持密闭式光生物反应器的继续扩大。

表 4-2　不同光生物反应器培养雨生红球藻的比较（廖兴辉，2014）

比较项目	密闭式	开放式
污染控制	容易	难
过程控制	容易	难
光利用率	高	低
造价投入	高	低
运行成本	高	低
细胞密度	高	低

表 4-3　各式光生物反应器的优劣比较

光生物反应器	优点	缺点
跑道池（raceway pond）	成本相对较低、培养后易清理、大规模培养方便	光控制少、较难长时间培养、生产率低、占地面积大、只局限于少数微藻、易污染
垂直柱（vertical-column）	易于大规模转动与混合且剪应力低、宜大规模应用、易灭菌、适应范围广、易固定化微藻、光抑制和光氧化少	表面照射面积小、需精细材料、照射面积随规模扩大而减少
平板式（flat-plate）	大规模照射面积、易户外培养、易固定化微藻、光路径好、高生产率、成本相对较低、易清理	规模生产需大量支持材料、难控制温度、一定程度的贴壁生长
密闭式（tubular）	大面积照射、适于户外培养、相对高产、成本相对较低	pH 梯度、管内溶解氧和 CO_2、污垢、一定程度的贴壁生长、需大量土地空间

表 4-4　不同文献报道雨生红球藻不同营养模式下可达到的最高藻细胞浓度及虾青素产率

研究者	菌株系	营养模式	最高藻细胞浓度/(g/L)	最高虾青素产率/(mg/L)
Hata 等	*H. pluvialis* Flotow NIES-144	连续的异养-光合自养	7.0	114 [4.40 mg/(L·d)]
Imamoglu 等	*H. pluvialis* Flotow EGE MACC-35	光合自养		30.1 [2.15 mg/(L·d)]
Domínguez-Bocanegra 等	*H. pluvialis* NIES-144	光合自养		98
Kang 等	*H. pluvialis* NIES-144	光合自养	1.5	190 [14.0 mg/(L·d)]
Kang 等	*H. pluvialis* NIES-144	光合自养		77.2
Kang 等	*H. pluvialis* NIES-144	异养		22.6
Suh 等	*H. pluvialis* UTEX 16	光合自养		5.79

表 4-5　不同文献报道户外不同反应器下雨生红球藻虾青素积累的变化情况比较（侯冬梅，2014）

菌株系	反应器	工作体积/L	虾青素含量/%	红色阶段虾青素产率/[mg/(g·d)]	文献来源
AQSE002	池塘式（pond）	25000	3.4	—	Olaizola，2000
H. pluvialis WZ	开放式跑道池（open pond）	20000	2.1	—	Zhang et al.，2009
K-0084	管式（tube）	2000	3.8	<14.8	Aflalo et al.，2007
CCAP 34/8	管式	55	1.1	4.8	López et al.，2006
CCAP 34/8	柱式（column）	55	0.25	0.21	López et al.，2006
CCAP 34/8	管式	50	1.30	8.0	García-Malea et al.，2009
原产地分离	管式	50	3.6	7.2	Torzillo et al.，2003
H. pluvialis 26	开放式跑道池	3～12	2.8	4.3	Zhang et al.，2009
H. pluvialis 30	开放式跑道池	3～12	1.1	0.86	Zhang et al.，2009
H. pluvialis WZ	开放式跑道池	3～12	2.5	3.3	Zhang et al.，2009

三、规模化培养

1. 两步式两阶段法

所谓两步式两阶段法就是根据雨生红球藻的生长周期的特性，将虾青素的生产分为两个阶段，每个阶段在不同的生物反应器中进行。第一阶段，在设计好的生物反应器中提供适合的条件，让分裂快速的绿色游动型细胞在短时间内大量繁殖，达到较高的生物量。第二阶段，将达到一定浓度的绿色游动细胞培养液转移到新的生物反应器，进行胁迫培养（高光、高盐度、氮缺乏、磷缺乏等），让藻细胞包囊化，同时积累虾青素。在第一阶段中，由于细胞的抗逆性比较弱，易受其他藻类和原生动物的污染，一般需要使用密闭式生物反应器或在室内进行。而在第二阶段中，由于藻体浓度较大，且红色包囊细胞本身具有一定的抗逆能力，可以在开放式生物反应器中进行，但培养的时间不宜过长。这是目前最常用和成熟的方法。

位于美国夏威夷的 Aquasearch 公司的 Olaizola（2000）使用三个由电脑控制的、容积为 25000 L 名为 AGM 的平行塑料管道生物反应器和跑道池进行红球藻室外大规模培养的研究。该培养系统使用 3000 L 和 9000 L 的室内管道式生物反应器作为种子培养器，在管道培养时使用电脑系统检测培养液的参数，如温度、营养物浓度、pH 等。室外诱导虾青素培养时准备了 6 个养殖池，一次诱导周期为 5 d，保证每天养殖池都在循环使用中。在 9 个月的试验中，虾青素的含量可达到藻体干重的 2.5%。采用类似的方法，在室内使用三级种子培养器，即容积为 20 L 的三角瓶、1100 L 塑胶袋和 2500 L 的跑道池，而在室外使用容积达 125000 L 的跑道池来诱导红球藻中虾青素的积累，最终获得的虾青素产量为 9.77 g/m³。有试验使用容量为 500 L 的平板式光生物反应器培养绿色游动细胞，2000 L 的管道式生物反应器进行诱导红色包囊细胞的形成和虾青素的积累，整个过程在室外进行，绿色阶段耗时 4 d，诱导阶段耗时 6 d。绿色游动细胞阶段增值能力可以达到 0.55 g/(L·d)，最终虾青素含量可达到干重的 3.0%。

2. 一步式两阶段法

所谓一步式两阶段法就是将雨生红球藻绿色游动细胞的快速生长阶段和包囊形成并积累虾青素的阶段放在同一个生物反应器中连续进行。这两个阶段所需要的条件不一样，绿色游动细胞阶段所需的条件温和（低光、营养充足），诱导阶段需要不利的生长条件（高光强、高盐度、氮缺乏、磷缺乏等），而营养缺乏处理在连续培养时较难实现，因此在诱导阶段一般采用高光和高盐度处理。这也意味着在一步式两阶段培养方法中光强是可控制的。

有研究者在室内通过自己设计的光生物反应器进行该方法的试验。该反应器包括光源（光强的变化通过调节荧光灯的数目和荧光灯与培养液之间的距离来实现）、CO_2 源（维持培养液 pH 和满足微藻光合作用所需）、温度控制系统、双层环形槽、搅拌系统。试验过程随着培养液细胞浓度的提高，逐步提高光强，经过 12 d 的培养，试验的几株藻生物量最高的可达 1.83 g/L，虾青素含量达到藻体干重的 2.79%。随后选取合适的藻株在面积为 100 m^2 室外跑道池中进行规模化培养，试验起始时用遮阳布遮住跑道池获得低光强，使游动细胞快速生长繁殖，随着细胞浓度的增加，慢慢掀开遮阳布增大光强。在四个月的时间中进行 6 批培养，每批所耗时间为 11～18 d，平均 15 d，最高虾青素含量可以达到藻体干重的 2.48%。

两阶段法培养雨生红球藻中的第二阶段一般在室外进行，因为使用太阳光来诱导虾青素的积累可以大量减少生产成本，但这样也意味着培养的光照和温度较难控制。在温度控制方面，在室外培养中一般不控制低温，但经常使用在反应器表面洒水的方式来防止培养液的温度过高；在光照方面，根据生产地的日照情况来调节接种密度、生物反应器规格、培养基营养和通气速率等避免光抑制或光不足。

3. 一步式一阶段法

在缺氮条件下，雨生红球藻会在绿色游动阶段就开始积累虾青素，即虾青素的积累未伴随细胞包囊化。这意味着虾青素的积累可以不用以牺牲细胞繁殖为代价，在此基础上利用雨生红球藻连续培养成为生产虾青素的一种新的方法。所谓一步式一阶段法就是利用营养缺乏处理使雨生红球藻在绿色游动阶段不影响细胞生殖的情况下（或细胞生殖速率下降不多的情况下）积累虾青素，这样就可以借助传统微生物连续发酵的方法，一边补充新鲜培养基，一边流出培养液来提取虾青素，实现虾青素的连续生产。整个过程中只使用一个生物反应器，藻细胞只停留在绿色游动细胞阶段。

通过利用带夹套的鼓泡塔光生物反应器（容量 1.8 L）在室内培养绿色游动细胞，在 5 d 的稳定期中每天可得到 0.7 L 的培养液，虾青素含量可达到藻干重的 0.6%，之后利用容量为 50 L 的管状光生物反应器进行一年的室外中等规模化培养，培养液使用 0.6 mmol/L 低浓度的硝酸盐来诱导虾青素的合成，新鲜培养基补充流速为 0.6 L/d（白天补充，夜晚停止），一年中在五月、七月、十月达到了稳定期。在生物量方面，该试验得到了 0.6～0.7 t 的生产能力，其中虾青素含量可达到藻体干重的 1.34%。

一步式一阶段培养法中，影响产量的因素主要是光强、氮浓度、补充液流速。其中，氮浓度是影响藻体中虾青素含量最重要的因素，在氮浓度高于阈值 2.7 mmol/L

时，虾青素的含量维持在一个较低的水平并且不受光强的影响，同时氮含量也影响生物量的增长，在氮浓度高于 2.0 mmol/L 时，生物量不再随氮浓度的增加而增加且不受光强的影响。补充液流速对产量的影响也是通过改变氮浓度来实现的。

4. 各种规模化培养方法的比较

从成本、生产效率、虾青素纯度、虾青素提取难度等四个方面对三种规模化培养方法进行比较，具体如表 4-6 所示。这三种方法在规模化培养雨生红球藻生产虾青素上各有优缺点。从成本方面考虑，一步式两种方法的成本优势来自在整个生产过程中只需用到一个生物反应器，而两步式两阶段法却需要用到两个生物反应器，反应器的造价往往较高，在整个生产成本中占有较高的比例。就生产效率而言，一步式一阶段法生产效率较低的原因在于生长稳定期维持的时间在整个生产周期中的比例不大，而且虾青素含量较低。从虾青素纯度来说，两阶段的两种方法培养的藻细胞诱导充分，藻体内的虾青素占总类胡萝卜素的比例极高（可到 90% 以上），而一步式一阶段法培养的藻细胞处在绿色游动阶段，虾青素占总类胡萝卜素的比例极低。就虾青素提取难度而言，经过两阶段培养的藻细胞，充分诱导后形成的包囊体带有厚厚的细胞壁，这层细胞壁极为坚固，给下游提取带来了较大的阻碍。而一阶段培养的细胞由于仍处在绿色游动状态，细胞壁极为脆弱，下游破壁程序较易实现。从目前国内外的现状上看，两步式两阶段法仍是主要的生产方法，另外两种方法仍处在发展阶段，有着极大的提升前景（廖兴辉，2014）。

表 4-6　三种雨生红球藻规模化培养方法的比较

培养方法	成本	生产效率	虾青素纯度	虾青素提取难度
一步式一阶段法	较低	较低	较低	较低
一步式两阶段法	较低	较高	较高	较高
两步式两阶段法	较高	较高	较高	较高

第四节　增强雨生红球藻积累虾青素的方法

雨生红球藻暴露在不同类型的环境和营养胁迫下，会发生细胞形式和组成的变化。最明显的变化是虾青素在非运动静息细胞中的积累。曾有研究表明，缺氮和强光会导致这种红色色素的大量积累。还有研究发现，碳氮比的增加是造成这种积累的原因。然而，这些成分变化与应激类型有关，而不是与诱导胡萝卜素生成有关（Boussiba and Vonshak，1991a）。

传统观点认为，累积虾青素主要在厚壁孢子阶段进行。然而，近年的研究表明，雨生红球藻对虾青素的积累并不依赖于细胞分裂的停止、厚壁孢子的形成以及细胞运动能力的丧失，虾青素的积累可以发生在红球藻营养生长期内，且其游动细胞能与厚壁孢子一样快速、大量地合成虾青素。对此，国内外展开了大量雨生红球藻对虾青素积累机制的研究（蔡明刚和王杉霖，2003）。

一、氮磷

缺氮之所以能够引起雨生红球藻积累虾青素，主要是由于在培养基中氮浓度下降到一定程度时会抑制1,5-二磷酸核酮糖羧化酶和硝酸还原酶的活性，当两种酶的活性下降到一定水平时会引发雨生红球藻积累虾青素，同时缺氮情况下1,5-二磷酸核酮糖羧化酶作为氮库为虾青素的积累提供氮源。随着氮源的减少，雨生红球藻中虾青素含量逐渐升高，其中在1/5氮的培养基中虾青素的含量比对照组低，分别为1.38%±0.1%与1.61%±0.07%（干重比，下同）；而另两组（1/10氮培养基和无氮培养基）比对照组有略微的提高，分别为1.62%±0.01%和1.75%±0.05%；在生物量上，氮限制对生物量的增加效果非常明显，生物量至少提高了49%，各处理组（1/5含氮培养基、1/10含氮培养基、不含氮培养基）之间差别不明显，分别为（0.78±0.06）g/L、（0.79±0.03）g/L、（0.80±0.01）g/L。不含氮的培养基培养的单位体积藻液中虾青素含量最高，为（13.92±0.24）mg/L，比对照组提高了66%（廖兴辉，2014）。

不同氮源培养时，硝酸钾和硝酸铵培养基中雨生红球藻的叶绿素含量下降了90%左右，硝酸钙培养基中叶绿素含量下降至50%以下。在添加氮的培养基中虾青素的含量从61%增加到90%。硝酸钙培养基中虾青素产量较其他硝酸盐培养基有显著提高（3倍），说明胁迫诱导虾青素生产可能受培养基条件的影响（Sarada et al.，2002）。

缺磷则有助于雨生红球藻从游动细胞转向不动包囊体细胞，同时有效地刺激虾青素的合成。随着磷含量的下降，雨生红球藻中虾青素含量逐渐增高，1/5含磷培养基、1/10含磷培养基和不含磷培养基分别为1.67%±0.14%、1.86%±0.12%、2.76%±0.19%。在生物量方面，所有的磷限制组比对照组都略有提高，但限制组之间的差别不明显，分别为（0.59±0.04）g/L、（0.60±0.02）g/L、（0.63±0.04）g/L。完全不含磷的培养基培养的单位体积藻液中虾青素含量达到了最高，为（17.52±1.43）mg/L，比对照组增加了95%。

二、C：N 比例

在新鲜 BBM 中培养时，藻类可以在相当长的一段时间内保持绿色、营养状态，只有当培养物老化和硝酸盐等营养物质耗尽时，生长才会受到限制，细胞出现包囊并积累虾青素。通过改变培养基中硝酸盐的浓度，可以控制藻细胞的生长和虾青素的形成；硝酸盐浓度较低时，藻细胞生长受到严重限制，存活细胞中虾青素含量较高。30 d 内合成的类胡萝卜素总量（虾青素占＞95%）超过每个细胞300 pg。事实上，虾青素的积累可以完全独立于氮浓度。相反，Boussiba 等（1999）报道，氮是藻类合成虾青素的重要需求，这与 C∶N 比例高的研究结果正好相反，研究表明 C∶N 比例高的藻细胞中，类胡萝卜素的生成和包囊会受到极大的刺激。此前有报道称，磷酸盐缺乏是虾青素积累的触发因素。然而有研究认为，高浓度的磷酸盐刺激藻类细胞内虾青素的产生。磷酸盐限制条件对雨生红球藻的总体影响虽然是可变的，但与限氮培养中观察到的影响相似；磷酸盐的缺乏刺激了海藻中虾青素的合成。然而，值得注意的是，磷酸盐水平的降低并没有像这种藻类在氮饥饿时那样严重地抑制其生长，因此，单位体积培养所产生的虾青素水平可能要高得多。由此可以得出，正是暴露在较低磷酸盐水平而非较高的磷酸盐水平下，才导致了藻细胞中虾青素的形成。

三、光照

雨生红球藻培养物暴露的光照强度对细胞内积累的虾青素水平有显著影响。高强度的光照导致雨生红球藻细胞中积累了相对较多的虾青素。尽管暴露在强光下会导致细胞的高死亡率，但存活下来的细胞中含有大量虾青素（廖兴辉，2014）。光强为 1000 lx 和 2000 lx 的藻液为黄绿色，从 4000 lx 开始变红，而 8000 lx 组藻液已呈鲜红。在显微镜下检查细胞的形态时发现，颜色越红，藻液中的不动细胞越多。通过对胁迫作用后的藻进行计数测定其藻密度以及其虾青素含量，分析认为，光强为 2000 lx 时，藻密度最大；而当光强为 8000 lx 时，雨生红球藻累积的虾青素含量最高（1.451 mg/L），且各水平间差异非常显著。同样的试验也发现，较高的光照条件可以有效地促进雨生红球藻转化产虾青素。7000 lx 下的转化效果明显优于 5000~6000 lx 下的转化效果，这表明适度的强光照有利于虾青素的积累。而光照强度在 7000~9000 lx 时，红球藻中的虾青素产量随光照强度的增加而降低，经显微镜观察发现这一现象是由于持续的强光照射使细胞受到不同程度的破坏，大多数细胞随着时间的延长而逐渐解体，从而失去了积累虾青素的能力，显然此时的光照强度已超出了红球藻细胞自身的调节能力范围。

当雨生红球藻的培养物暴露在强光下时，虾青素也会积累，且与脂肪酸积累有相关性。在雨生红球藻中，虾青素主要表现为各种脂肪酸的单酯和二酯，占细胞中次生类胡萝卜素总量的 95%。这些色素存在于叶绿体外的脂滴中。在强光照射或氮限制等胁迫条件下，雨生红球藻在细胞中心形成含有类胡萝卜素（主要是虾青素）的球状星团。在高强度的光照下，这些团簇发生了可逆扩散，从而保护叶绿体维持更大的表面积。同样，在高光照条件下，单细胞藻类杜氏盐藻过度生产 β-胡萝卜素。然而，色素积聚在质粒中新形成的脂滴中，这些脂滴主要由三酰甘油（TAG）构成。在强光照射下 6 h 内，雨生红球藻细胞停止分裂，转化为不能运动的球形红细胞（不动孢子），细胞质量、虾青素和脂肪酸含量增加。新形成的脂肪酸以 C18：1、C16：0、C18：2 的存在形式为主。前者是脂肪酸生物合成新途径的最终产物。在最优条件下，大部分脂肪酸通量被酯化成磷脂和半乳糖脂并进一步饱和，而其余的脂肪酸通量与磷脂提供的 PUFA 一起被转移到脂肪酸池中，为 TAG 的生产提供酰基。C16：0/C16：4 比值的增加与储藏及光合相关脂肪酸在适应强光过程中的平衡变化有关。C18：1 的含量与类胡萝卜素的细胞含量和辐照度呈正相关。强光下脂肪酸含量的绝对增加量明显低于氮饥饿下的含量，分别为 12.4% 和 39.8%（干重）。在这两种情况下，脂肪酸积累与虾青素积累呈线性相关，这一发现有力地表明，这些过程是相互关联的。由于虾青素不溶于水，这种形成大球状的三酰甘油可以作为色素溶解的储存库。虾青素的烃骨架具有疏水性，使其不溶于水，但其羟基显著降低了其在以 TAG 为主的油滴中的溶解度。羟基的单酯化增加了它的疏水性，从而增加了它在 TAG 中的溶解度。在相关试验条件下，虾青素几乎完全是单酯化的，TAG 与单酯的物质的量的比高达 1：1。然而，要达到如此高的油浓度，三酰甘油的脂肪酸组成需要专门设定。研究结果表明，虾青素的积累与富含油酸盐标记的积累相伴而生。据推测，油酸的结构几乎是线形的，但仍然是不饱和的，它比饱和或顺式 PUFA 更适合溶解所有的反式虾青素。还有一种可能性是，这些 TAG 作为油酸盐的储存库，用于在球状体界面上与虾青素发生酯化反应。虾青素酯的脂肪酸组成与 TAG 非常接近，以油酸为主。类似地，Bidigare 等（2006）研究表明，绿色细胞中油酸的含量从 11% 增加到 59%。同时，油酸占虾青素酯脂肪酸的 51%。Grunewald 等（2001）发现 β-胡萝卜素在脂质体和球蛋白中增加氧化酶活性，表明脂质囊泡也涉及虾青素的生物合成。在这种情况下，油酸极有可能在球状体中也发生酯化，使虾青素酯的组成与 TAG 的组成相适应，使其成为该色素最丰富的天然来源之一（Zhekisheva et al.，2002）。

在较低的光照强度下，虾青素的积累量相对较低，但雨生红球藻的存活率明显提高。在没有光的情况下，虾青素的形成是可能发生的，尽管速率要低得多。由此可以证明，藻细胞内虾青素的累积是为了保护细胞中的叶绿体免受强光的伤害，是细胞抵抗环境胁迫，维持种群生存的一种自我保护措施。这进一步证明强光对虾青素合成的胁迫作用非常有效（蒋霞敏等，2005）。

四、光质

　　蓝光的照射对雨生红球藻转化产虾青素起到了一定的促进作用。红球藻对蓝光光照强度的需求与白光相似,在 7000 lx 时虾青素的积累量最大,为 36.91 mg/L,是 5000 lx(17.98 mg/L)时的 2.05 倍。"蓝光 + 白光"这一组合光的效果最好,在 7000 lx 时虾青素的积累量为 38.87 mg/L,比相同条件下单独用白光转化时提高了 17.61%,比单独用蓝光转化时提高了 5.3%。可见,混合光源的照射可以更好地诱导雨生红球藻产虾青素,为进一步确定虾青素积累的最佳光照条件,蓝光与白光光照强度的比例也是非常重要的。

　　保持"蓝光 + 白光"总的光强为 7000 lx,调整蓝光与白光的强度比例依次为 4∶1、3∶1、2∶1、1∶1、1∶2、1∶3。相同的光照强度下,蓝光与白光的比例不同,雨生红球藻中虾青素的产量有着一定的差别。其中,当蓝光与白光的强度比例为 3∶1 时,雨生红球藻中虾青素的积累量最多,为 39.79 mg/L。比单纯用白光转化时的 33.05 mg/L 提高了 20.39%,比单纯用蓝光时的 36.91 mg/L 提高了 7.8%。这说明在总光强为 7000 lx 时,蓝光∶白光 = 3∶1 是最适合雨生红球藻积累虾青素的光照条件。镜检发现,在蓝光照射下,雨生红球藻由绿色游动细胞转变为红色厚壁孢子的时间明显缩短,而且,此时细胞的生长受到明显抑制。这说明蓝光促进雨生红球藻转化产虾青素的原因可能是蓝光易于使雨生红球藻发生细胞形态的转变,而虾青素的积累是发生在厚壁孢子内的,从而增加了虾青素的积累量。

　　由于白光易于得到与控制,在雨生红球藻的生长阶段统一运用白光进行生长试验以用于下一阶段的转化试验,而没有采用试验中得出的最优生长速率条件(2500 lx,红光∶白光 = 2∶1),但是,由于雨生红球藻的生长与转化是连续的,雨生红球藻生物量的增加必然会提高其转化产虾青素的量,因此,推测运用红光与白光的组合光源作为其生长光源时,最终将会得到更多的虾青素。此外,有研究表明,补加或者替换培养基与蓝光照射结合可以提高虾青素的产量,而且补加培养基的效果更好。这是因为,在红球藻转化产虾青素阶段,异养转化产虾青素的效果要优于自养转化,而补加与替换培养基都可以增加培养基中的营养物质,从而使其更好地进行自养转化,但红球藻的转化还需要一些诱导条件,如可以将组合光源的诱导与补加培养基相结合(顾洪玲等,2014)。

五、pH

　　研究发现,胁迫响应随培养基 pH 的变化而变化,培养基中虾青素的含量和生产力在 pH 6.0 和 pH 8.0 下均有显著提高，而在 pH 9.0 下的培养基中差异不显著，其中 pH 7.0 对虾青素的产生和含量影响最大。最大细胞计数是在 pH 7.0 下培养得到的，在 pH 5.0 时细胞没有生长，在 pH 9.0 时细胞计数最低。不同培养基 pH 下的生物量产量与细胞计数相关。叶绿素和类胡萝卜素含量在 pH 7.0 和 pH 8.0 时较高，pH 6.0 时显著降低。pH 9.0 时细胞为黄红相间，其他 pH 时细胞为棕绿色。可以看出，培养基 pH 对细胞生长、叶绿素和类胡萝卜素的产生有显著影响（Sarada et al., 2002）。

六、盐度

在海藻培养基中加入 KCl，即使浓度较低（40 μmol/L），也会导致较高的细胞死亡率，而 NaCl 加入培养基时没有观察到这种作用，这表明 KCl 中的钾离子可能具有毒性作用。有研究显示，海藻细胞对钾离子不像对钠离子和氯离子那样具有有效的挤压机制。

利用 NaCl 来胁迫培养雨生红球藻促使其积累虾青素是工业化生产中常用的一种方法，因为其简单易操作，只需在变红阶段加入适量 NaCl 即可。董庆霖等（2007）认为 NaCl 可以抑制 1,5-二磷酸核酮糖羧化酶和硝酸还原酶的活性，引起雨生红球藻积累虾青素。Boussiba 等（1992）、Beatriz 等（1996）以及 Cifuentes 等（2003）研究表明，NaCl 在较低浓度时可以在不损坏藻体细胞的情况下促进虾青素的积累，而当 NaCl 浓度过高时会引起藻体细胞完全失去繁殖能力甚至裂解死亡。对雨生红球藻积累虾青素最适合的 NaCl 浓度研究显示，随着 NaCl 浓度的增加，胁迫培养的雨生红球藻中虾青素含量逐步升高。当培养液中的盐浓度为 0.4%、0.6% 和 0.8% 时，虾青素含量分别为 1.67%±0.10%、2.40%±0.02%、2.95%±0.18%，都比对照组高。在生物量上，当 NaCl 浓度为 0.4% 时，生物量比对照组提高了 18.54%；当 NaCl 浓度提高至 0.6% 时，生物量下降至（0.59±0.04）g/L，只比对照组提高了 10.38%；当 NaCl 浓度达到 0.8% 时，生物量下降明显，比对照组低了 44.07%。单位体积虾青素含量最高的试验组为生物量和虾青素含量都不是最高的添加 0.6% NaCl 的试验组，为（13.86±0.83）g/L；生物量最高的试验组与虾青素含量最高的试验组单位体积虾青素含量分别为（10.35±0.38）mg/L、（8.66±0.41）mg/L（廖兴辉，2014）。

不同培养时间对盐浓度产生的影响也存在着差异。在 6 d 和 9 d 的培养中，加入 NaCl 或乙酸钠，虾青素含量均有显著差异。添加 0.25% 和 0.5% NaCl 时，9 d 培养的虾青素含量比 6 d 培养的虾青素含量高 2 倍。添加乙酸盐的虾青素含量高于对照组。在 0.25% 和 0.5% 的 NaCl 下，虾青素的含量增加了 2.5～4.4 倍。在 1.0%

NaCl 下虾青素的含量（质量分数）和生产能力（mg/L）低于 0.5% NaCl。在 1.0% NaCl 下虾青素的含量较低。

试验发现，除了盐度为 0% 的对照组外，其他盐度梯度下的藻液颜色都明显变红，盐度越高的藻液颜色越红，但同时藻密度也随着盐度的增加而明显降低。在显微镜下发现，藻细胞都由游动细胞转化成不动细胞。但相对光照强度和温度的胁迫，盐度的胁迫速度较快，接种 2 d 后藻液颜色开始变红；6 d 后即出现明显梯度差异。6 d 后对试验组进行藻密度及虾青素含量的测定。盐度为 4% 时，藻所累积的虾青素含量最高，且对数据进行方差分析得 $F > F_{0.05}$。不同梯度的盐度对虾青素累积的影响非常显著。盐度的增加伴随着藻浓度的不断下降，由此可见盐度不利于雨生红球藻诱变株的生长。虽然如此，但在盐度 4% 和 8% 这两个梯度下，虾青素累积量比原来增多。在盐度的胁迫下，雨生红球藻累积虾青素的速度较温度和光照胁迫要快。这可能是因为盐度相对于温度和强光更不利于藻的生存，因此能诱导雨生红球藻更快地累积虾青素，这就更加证实了虾青素是雨生红球藻合成用来抵抗不良环境的理论（蒋霞敏等，2005）。

七、温度

在试验过程中发现，试验进行 3 d 后，35℃时的藻数量明显减少，35℃和 30℃时的藻细胞出现贴壁现象。在试验结束时发现，15℃下的藻液仍为绿色，20℃和 35℃组藻液的颜色仅为黄绿色，而 25℃和 30℃两组的藻液颜色变化明显，呈红色。20℃时藻密度最高，高于 20℃组随着温度的升高，藻密度逐渐下降，仅为 1.34 g/L。高温（30～35℃）不但不利于藻细胞生长，也不利于虾青素的累积，与预期的高温有利于虾青素累积不符。20℃是诱变藻生长的最佳温度；高温下藻细胞数大量减少，而且其诱导虾青素累积的效果并不是很明显。这可能是因为高温降低了虾青素合成途径中的关键酶 [PSY 和 β-胡萝卜素羟化酶（CRTR-B）] 的活性，结果反而抑制了虾青素的合成，试验结果显示，累积虾青素的最佳温度为 25℃（蒋霞敏等，2005）。

八、培养时间

培养 16 d 后的培养基中虾青素的产量和含量均有增加，但 4 d 和 8 d 后的培养基中虾青素的产量增加明显高于 12 d 和 16 d 的培养。类胡萝卜素含量在 16 d 内从 0.8% 上升到 1.6%。在所有应激诱导培养中，虾青素的含量为 86%～90%。叶绿素含量随培养时间的延长而降低，类胡萝卜素/叶绿素比值也随之增加。8 d 胁迫诱导培养的虾青素产量在长时间孵育（胁迫诱导后 20 d，而不是 12 d）下增加，其产量与 16 d 胁迫培养的虾青素产量相似。营养细胞甚至对低浓度的盐也很敏感。在 4～16 d 培养中，类胡萝卜素/叶绿素的比值（区分营养细胞、未成熟细胞和成熟细胞的参数）随着培养时间的延长从 0.9 增加到 3.0。

九、植物激素处理

在高等植物中茉莉酸、水杨酸等植物激素在植物处于不利生长环境时可以作为信号分子调节抗逆防御体系。由于微藻和植物的高度同源性，且虾青素也是雨生红球藻处于不利环境下积累的，因此不少研究者也在探究这些植物激素能否诱导雨生红球藻中虾青素的合成（Wei et al.，2018）。王丽丽等（2010）用浓度为 312.5 mg/L 的花生四烯酸处理雨生红球藻，其积累的虾青素含量达到了 3.67 mg，比对照组高了 48%；当用 20 mg/L 的甲基茉莉酸和赤霉素处理雨生红球藻，其虾青素的含量分别提高到干重的 5% 和 7%；在高盐度的情况下水杨酸可以大幅度提高藻体中虾青素含量。由于植物激素本身价格的缘故，植物激素处理的方式还未能用于商业化培养雨生红球藻以生产虾青素。

同植物激素一样，花生四烯酸（AA），学名为 5,8,11,14-全顺-二十碳四烯酸，是 ω-6 系列的一种重要的多不饱和脂肪酸。AA 除作为具有广泛生物活性物质类花生酸前体外，其本身还是一种十分重要的细胞内第二信使，直接参与细胞内信号转导或者影响其他信号转导通路以调控细胞的生物活动。随着 AA 质量浓度的增加，雨生红球藻细胞的生长量呈现先降后升再降的趋势，在低质量浓度 AA（0.1～12.5 mg/L）和高质量浓度 AA（312.5～1562.5 mg/L）诱导条件下，雨生红球藻细胞的生长均受到了抑制。其中，62.5 mg/L 的 AA 处理效果最佳，在培养第 40 d 时细胞生长量达 1.8329×10^6 个/mL。在低质量浓度 AA（0.1～0.5 mg/L）处理的逆境胁迫条件下，雨生红球藻细胞的生长出现降低的现象，可能是由于藻细胞暂不适应胁迫条件，生长受到抑制；在中等质量浓度 AA（2.5～62.5 mg/L）处理的逆境胁迫条件下，雨生红球藻细胞的生长量逐渐增加；而胁迫加重（AA 诱导质量浓度为 312.5～1562.5 mg/L）后，虾青素的含量呈现下降趋势，一方面是胁迫的加剧引起藻细胞内生理生化改变，使虾青素合成受阻，降解加快，因此虾青素含量下降；另一方面，高质量浓度 AA 处理雨生红球藻时，雨生红球藻细胞的生长受到强烈的抑制，对藻细胞有明显的致死效应。

与生长情况不同的是，经不同质量浓度 AA 处理后，雨生红球藻虾青素含量均有不同程度的提高，究其原因可能与虾青素的生理作用有关。虾青素作为一种 β-胡萝卜素，具有抗氧化、提高免疫力等多种功能。用 AA 诱导培养雨生红球藻时，造成了一种逆境胁迫的条件，而雨生红球藻有在逆境下积累虾青素的自我保护机制，因而加入适宜质量浓度的 AA 能促进雨生红球藻细胞积累虾青素。该研究表明，随着 AA 质量浓度的增加，虾青素含量呈先升后降的趋势。其中，312.5 mg/L 的 AA 处理效果最佳，虾青素含量达 3.67 mg/L，较对照增加了 48.8%。同时，高质量浓度 AA（1562.5 mg/L）能够强烈抑制雨生红球藻细胞的生长，导致相同体积藻液的虾青素含量也明显下降。具体机理有待进一步探讨（王丽丽等，2010）。

茉莉酸甲酯（MeJA）在抑制雨生红球藻细胞生长和总虾青素产量积累的同时，却能促进雨生红球藻单位细胞虾青素的合成能力。当 MeJA 浓度为 800 μmol/L 时，单位细胞虾青素合成能力可达 1.75×10^{-9} mg，相比对照组（1.42×10^{-9} mg）增加 23.24%。反转录聚合酶链反应（RT-PCR）分析结果表明，dxs 基因的表达受 MeJA 的诱导，800 μmol/L MeJA 处理条件下，dxs 基因的表达水平最高。相关分析结果表明，MeJA 作用下的雨生红球藻虾青素含量和 dxs 基因表达量呈正相关，推断 dxs 基因可能是雨生红球藻虾青素合成的一个关键酶基因，这为进一步通过代谢工程策略提高雨生红球藻虾青素含量提供了一个靶点，也为虾青素规模化生产和探讨虾青素积累的分子机理提供参考（王鑫威等，2011）。

十、诱变育种

为了进一步提高雨生红球藻中虾青素的含量，传统工业微生物的诱变育种方法也被应用于虾青素的生产中。用传统的紫外诱变方法得到了虾青素含量比出发藻株高 120% 的藻株；用化学诱变剂亚硝基胍（NTG）将一株雨生红球藻的虾青素含量从 2.2% 提高到了 3.8%（虾青素质量与藻体干重比）；利用单功能烷化剂甲基硝基亚硝基胍（MNNG）作为化学诱变剂处理雨生红球藻得到了稳定高产的藻株 MT2877，其虾青素的含量比出发藻株高 100%；使用紫外线和化学诱变剂甲基磺酸乙酯（EMS）复合处理得到了一株虾青素含量比出发藻株高 110% 的藻株。

十一、基因工程

1. 同源表达

以真核单细胞绿藻为受体的转基因表达手段不成熟，即没有有效的基因转入方法、高效的高产藻株筛选手段、导入基因在细胞内沉默等原因，使得当前转基因表达仅限于在衣藻和小球藻中得到成熟使用。雨生红球藻中使用基因工程的方法提高虾青素含量的研究进展比较缓慢，大多还停留在使用基因枪这种低效率的转入方法上。例如，使用基因枪的方法将定点诱变后的八氢番茄红素脱饱和酶基因打入雨生红球藻细胞内进行同源表达，得到稳定的转化子，其中有转化子表现出虾青素高含量性。虽然利用含穿梭载体 pCAMBIA 1301 的农杆菌侵染雨生红球藻，成功地构建转基因表达所需的抗性标记，但并未实现相关基因的同源表达。

2. 异源表达

在异源表达体系中，受体的选择是极为重要的一个环节，虾青素合成相关基因的异源表达中受体的选择主要考虑的因素包括前体物质的供应、合成途径的完整程度、基因转入方式以及虾青素合成后的存储方式。综合上述的因素，一些不产虾青素的高等植物（如胡萝卜、西红柿、马铃薯、烟草等）比不产虾青素的微生物更具优越性。因为它们不仅含有丰富的 β-胡萝卜素、番茄红素等虾青素合成所需的前体物质，本身具有除 β-胡萝卜素酮醇酶（BKT）之外的虾青素生物合成所需要的所有酶，具有成熟的土壤农杆菌侵染这一有效的基因转入方式，而且合成虾青素后能以酯化的形式储存在有色体中从而避免了对合成途径的反馈抑制，提高产量。例如，利用土壤农杆菌侵染的方法将雨生红球藻中的 bkt 基因导入胡萝卜中并成功表达，获得的转化植株的主根中虾青素的含量达到 17.2 μg/g（干重）。同样选择胡萝卜作为受体，利用同样的方法导入来自雨生红球藻中的 bkt 基因和来自拟南芥的 chy 基因，转化植株的叶子和根部合成的虾青素含量分别达到 34.7 μg/g 和 91.6 μg/g（湿重）；选择可积累大量 β-胡萝卜素的变异西红柿植株作为受体，在其中表达来自衣藻的 bkt 基因和来自雨生红球藻的 chy 基因，转化植株的叶子和果实中的虾青素含量分别达到了 3.12 mg/g 和 1.61 mg/g（干重）（廖兴辉，2014）。

总之，高光、缺氮、缺磷和氯化钠胁迫等不利的环境，会引起雨生红球藻细胞内产生大量的活性氧因子，这些活性氧因子会与藻细胞内的蛋白质、DNA、脂质等生物分子反应，对藻体细胞造成伤害。在藻体细胞内有抗氧化酶系统和非酶系统来消除这些活性氧因子。抗氧化酶系统由超氧化物歧化酶、过氧化氢酶、抗坏血酸过氧化物酶（APX）等构成，而非酶系统由类胡萝卜素、谷胱甘肽、抗坏血酸盐等不具酶活性的物质构成。活性氧因子产生时，酶系统首先起作用；当氧化活性因子过多时，非酶系统起主要的消除作用，此过程中虾青素合成。合成的虾青素油脂小滴又起着"遮阳布"的作用，减少了强光对光合系统的损伤。

所以，在胁迫条件下，雨生红球藻大量积累的虾青素都需伴随着脂肪酸的产生。新形成的脂肪酸主要是油酸、棕榈酸和亚油酸，主要沉积在甘油酸酯中。油酸的积累增强与虾青素的积累呈线性相关。虾青素主要是单酯化的，沉积在由甘油酸酯构成的球状体中。由此推测富含油酸的三酰基甘油的生产和虾青素的酯化可以使油滴保持较高的虾青素酯含量。

也有研究指出，雨生红球藻中虾青素的含量可能超过干重的 4%，是迄今为止所有微生物中报道的最高含量，包括细菌、真菌和其他微藻。这可能与脂滴中色素以酯化形式有效沉积有关。因此，可以合理地假设，诱导色素积累条件下的脂肪酸代谢是控制海藻虾青素生物合成的关键因素之一（Zhekisheva et al.，2002；崔宝霞，2008；陈书秀和梁英，2009；张睿钦等，2011；廖兴辉，2014）。

第五节　虾青素体内合成途径

一、虾青素累积的生理机制

一般说来，红球藻累积虾青素有利于自身生存，对红球藻虾青素累积机制的研究也比较多，其中影响最大的是光保护学说。持这种观点的人认为在强光下虾青素累积主要起到滤光作用，保护细胞及光合作用中心免受强光伤害。该学说可以解释许多现象，如高光强度下虾青素大量累积、色素在细胞内的扩散及细胞抗光能力等；但也有许多解释不了的现象，如缺氮条件下虾青素的大量积累、红球藻黑暗条件下合成虾青素。事实上，红球藻虾青素累积在光强方面有一个主动和被动的关系，即虾青素是在强光下被动地累积，还是主动地累积去适应强光。强光下虾青素积累并不一定是由光直接引起的。除光保护学说之外，许多学者根据在氮缺乏、磷缺乏、高 pH、高温、盐压、干燥、机械压力等条件下，红球藻大量累积虾青素的现象，提出红球藻在逆境条件下代谢累积虾青素的观点。Kobayashi 等（1993）发现添加乙酸和（或）铁离子可促进虾青素的积累，双重效果比单独加乙酸好，同时这种增强作用可被转录抑制剂所抑制。他们还发现铁的作用可被活性氧自由基所代替，也可被氧自由基清除剂抑制。故认为铁的作用是催化产生活性氧，而红球藻大量合成虾青素是为了猝灭活性氧自由基，抵抗逆境引起的氧化损伤。这与 Tjahjono 等（1994）的光诱导产生活性氧，促进虾青素合成的观点一致，从而在光保护学说、逆境生理和次生代谢之间架起了一条桥梁。应该指出，对累积机制的研究不应仅限于生理方面的研究，更应该侧重于生化，尤其是生物合成途径和代谢调控方面（殷明焱和刘建国，1998）。

通常情况下，处于旺盛生长阶段的红球藻细胞（游动细胞）为绿色，含少量的虾青素，而细胞老化或处于不利条件时细胞分裂减慢，细胞变为不动状态，并累积虾青素（图 4-1）。但据此认为主要是不动细胞累积虾青素的观点并不完全正确。因为虾青素的积累不单是不动细胞的功能。一方面游动细胞也可以积累虾青素，甚至可以使细胞完全变成红色，另一方面也可获得绿色不大量累积虾青素的不动细胞。由此表明，红球藻积累虾青素受光强和氮浓度的双重影响，高光强有利于虾青素积累，但虾青素的大量积累必须以总氮量低于一定浓度为基础，并且光照强，该氮浓度水平就高；反之，就低。

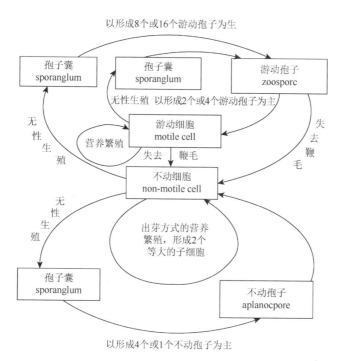

图 4-1　雨生红球藻的细胞周期

二、虾青素合成途径

由于虾青素是一种次生类胡萝卜素，因此其在微生物细胞内的合成步骤较多且较复杂（图 4-2）。最初对类胡萝卜素合成途径的研究是从细菌和海洋细菌开始的。Armstrong 等（1990）首先对荚膜红细菌（*R. capsulatus*）的类胡萝卜素合成路线进行了研究。之后，Misawa 等（1990）和 Hundle 等（1994）又分别对噬夏孢欧文氏菌（*E. uredobora*）及草生欧文氏菌（*E. herbicola*）的合成途径进行了分析。从发表的研究报告来看，微生物合成类胡萝卜素（包括虾青素）都是先合成胡萝卜素，然后由胡萝卜素合成类胡萝卜素。因此综合起来，虾青素的生物合成途径可分为两个阶段，第一阶段是合成 β-胡萝卜素；第二阶段是 β-胡萝卜素经氧化（酮基化）和羟基化形成虾青素。

第一阶段即在 β-胡萝卜素的合成过程中，红发夫酵母与雨生红球藻的主要差别就是 β-胡萝卜素合成的关键物质异戊烯焦磷酸（IPP）的合成途径不同。红发夫酵母通过甲羟戊酸途径（the mevalonate pathway）合成异戊烯焦磷酸，即以乙酰

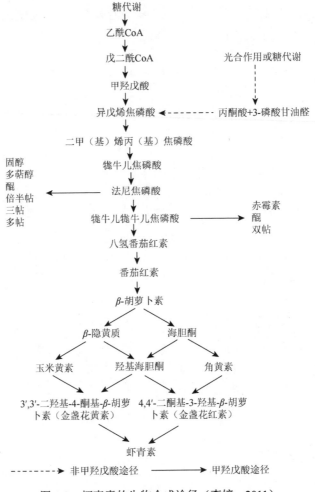

图 4-2 虾青素的生物合成途径（李婷，2011）

CoA 为起始物，首先合成戊二酰 CoA，然后经还原作用形成甲羟戊酸，再进一步合成异戊烯焦磷酸。关于雨生红球藻细胞内异戊烯焦磷酸的合成，原来认为也是通过甲羟戊酸途径。然而 1993 年 Rohmer 等（1993）用 ^{13}C 核磁共振（NMR）标记试验发现细菌可以通过非甲羟戊酸途径（the non-mevalonate pathway）由 3-磷酸甘油醛（GAP）和丙酮酸两种前体物质合成。Schwender 等（1996）和 Lichtenthaler 等（1999）又分别发现绿藻和植物细胞也是通过非甲羟戊酸途径合成异戊烯焦磷酸，即以丙酮酸为起始物，经过与 3-磷酸甘油醛反应而合成异戊烯焦磷酸。其中 3-磷酸甘油醛可能来自光合作用或糖代谢。从异戊烯焦磷酸到 β-胡萝卜素的合成步骤，雨生红球藻和红发夫酵母基本相同，都是通过逐步添加异戊烯焦磷酸而延长分子链，经二甲（基）烯丙（基）焦磷酸（DMAPP）、牻牛儿焦磷酸（GPP）、法尼焦磷酸（FPP）和牻牛儿牻牛儿焦磷酸（GGPP）形成八氢番茄红素和番茄红素，再经环化反应形成 β-胡萝卜素。

第二阶段由 β-胡萝卜素合成虾青素的过程中，合成路线也分为两条（图4-2）。第一条路线是从 β-胡萝卜素氧化（酮基化）开始，经过海胆酮、角黄素、4,4′-二酮基-3-羟基-β-胡萝卜素三种中间物质合成虾青素。第二条路线是 β-胡萝卜素首先羟基化形成 β-隐黄质，然后经玉米黄素和 3,3′-二羟基-4-酮基-β-胡萝卜素最终合成虾青素。雨生红球藻合成虾青素的过程中，β-胡萝卜素羟基化的中间产物 β-隐黄质和玉米黄素能减少或降低其酮基化产物的形成，而这与雨生红球藻的虾青素含量较高的事实相矛盾，雨生红球藻由哪条路线合成虾青素目前的研究还没有明确的结论，但从试验结果推断雨生红球藻合成虾青素的合成路线可能是第一条。用虾青素合成抑制剂二苯胺等进行试验，然后对其中间产物进行分析也证明了这一观点。并且已从雨生红球藻中分出了 β-胡萝卜素酮基化酶（β-胡萝卜素-C-4-氧化酶），这种酶可以催化从 β-胡萝卜素经海胆酮到角黄素的反应。

红发夫酵母可能通过路线一和路线二合成虾青素，但哪一条是主要路线目前还没有结论。在路线二中，3,3′-二羟基-4-酮基-β-胡萝卜素到虾青素反应效率非常低。考虑到红发夫酵母虾青素的合成与积累量较少，远低于雨生红球藻，因此红发夫酵母可能主要是通过第二条路线合成虾青素，但这还需要进一步的试验证明（董庆霖，2004）。

三、参与虾青素合成的基因

近年来，雨生红球藻中虾青素的合成途径已经阐明，其中的一些关键酶基因也分离出来并取得一定的研究进展。Liang 等（2006）克隆了八氢番茄红素合成酶（PSY）完整的 cDNA 序列，发现在胁迫条件下其 mRNA 水平稳定上升。Grunewald 等（2001）克隆了八氢番茄红素脱氢酶（PDS）的 cDNA 序列并对该酶进行了细胞定位，发现它只存在于红球藻的叶绿体中，其催化产物必须被运输到细胞质中积累，在胁迫条件下 PDS 的转录水平上调。Steinbrenner 等（2003）克隆了 β-胡萝卜素羟化酶（CRTZ）的部分 cDNA 序列，在胁迫条件下其 mRNA 水平上升。

雨生红球藻虾青素合成途径中第一个关键步骤是 IPP 异构酶催化 IPP 与其同分异构体 DMAPP 之间异构化反应。Sun 等（1998）指出，虽然该过程是可逆的反应，但平衡更倾向于生成 DMAPP，该异构化反应是类胡萝卜素合成的限速步骤；他们从雨生红球藻中分离了 IPP 异构酶的两个 cDNA 克隆，分别为 $ipiHp1$ 和 $ipiHp2$，编码大小分别为 34 kDa 和 32.3 kDa 的多肽，$ipiHp1$ 较 $ipiHp2$ 多了一段 12 个氨基酸的区域；胁迫条件下两个基因的 mRNA 水平明显上升，在具有类胡萝卜素合成基因簇的大肠杆菌中转入 $ipiHp1$，发现大肠杆菌中类胡萝卜素的积累量增加，推测提高 IPP 异构酶的表达水平可以增加虾青素等类胡萝卜素的合成。但是以提高虾青素产量为目的在雨生红球藻中导入该基因使 IPP 异构酶过表达，目前国内外都没有报道。有试验根据已知的 cDNA 序列克隆了 *ipiHp*1 基因，将带有 *ipiHp*1 基因表达模块的载体转入雨生红球藻内，初步检测了转化株虾青素含量的变化，为构建高产虾青素的基因工程藻株奠定了基础。

由于雨生红球藻尚未实现全基因组测序，外源基因的稳定转化体系的建立也处于研究状态，因此关于雨生红球藻遗传转化的相关研究报道较少。根癌农杆菌介导的转化方法具有可转化有细胞壁的微藻细胞、避免去壁、T-DNA 准确插入宿主基因组中、可较高效率地获得稳定转化子等优点。利用根癌农杆菌介导的转化方法将 *ipiHp*1 基因转入雨生红球藻中，经过含 50 μg/mL 草丁膦抗性筛选得到阳性转化子。通过荧光观察报告基因 *egfp* 和 PCR 扩增鉴定，证明 *ipiHp*1 基因已经整合到转化子的基因组中。生物量测定结果表明大部分转化子的生物量与野生型雨生红球藻存在明显差异。虾青素含量测定发现，农杆菌侵染法转化的转化子 A3 虾青素含量与野生型相比有显著变化，平均值达到 16.49 mg/g，与野生型相比提高了 5.16%。结果说明农杆菌介导的转化可以将外源的功能基因转入雨生红球藻体内，对雨生红球藻的生长及虾青素含量并不产生显著影响，*ipiHp*1 基因的表达对虾青素含量的提高有一定的促进作用。基因枪法靶受体类型广泛，无需去除细胞壁即可完成转化，无宿主限制，可控度高，与农杆菌介导法相比不会引入新的细菌造成污染，在藻类的遗传转化中已成为一种比较通用的转化方法。有研究构建了基因枪法转化载体 pBlueScript SK II -*bar-egfp-ipiHp*1，利用基因枪法将目的基因 *ipiHp*1 转入雨生红球藻中，筛选获得阳性转化子，经过鉴定，目的基因已经插入雨生红球藻的基因组中。测定生物量和虾青素含量，统计结果表明，转化子和野生型雨生红球藻的生物量和虾青素含量均无显著性差异（$P > 0.05$）。试验预测 *ipiHp*1 基因过表达会使虾青素含量有少量提高，结果与预想的结果有出入，分析其原因可能有如下两点。

第一，与大肠杆菌等原核生物不同，雨生红球藻是真核藻类，基因调控比较复杂，虾青素的合成途径也较为复杂，而虾青素含量是一个极其复杂的通路性状，由整个通路中多个基因控制。真核基因系统是一个相互联系、相互影响的有机整体，虾青素含量的提高有赖于涉及虾青素合成的所有基因之间整体协调性的提高。除了极其关键的基因外，单个基因的转化可能不会引起虾青素含量的剧烈变化。这也是农杆菌侵染得到的转化子虾青素含量变化微弱的原因。

第二，雨生红球藻生长较为缓慢，从接种至稳定期约需要两周时间，稳定期后进行虾青素的诱导表达约需要四周或更长时间，在这个过程中，转化子的 *ipiHp*1 基因不稳定造成丢失，可能导致转化子的虾青素含量没有显著差异。

此外，基因枪法转化的遗传稳定性不够高，也可能造成目的基因的丢失，需要进一步改进方法、提高遗传转化效率和遗传稳定性（王娜等，2013）。

第五章　虾青素提取工艺

第一节　球藻破壁

在微藻生物精制中，细胞分裂、胞内产物提取等高能量、高成本的下游过程被认为是主要的技术经济瓶颈。微藻从培养体系中收获后，其细胞壁可能是目标化合物提取的最大障碍。事实上，小球藻和红球藻中坚实的多层细胞壁抑制了传统有机溶剂（如己烷）进入细胞，从而阻止了有机溶剂与细胞内脂质/虾青素组分之间的适当接触。细胞壁破碎的方法有同质化、超声波降解法、微波、溶剂、酸/碱、芬顿化学、水解酶和超临界二氧化碳（SCCO$_2$）。然而，适当的细胞分裂和提取方法的选择在很大程度上取决于给定的微藻物种独特的生物学特性和细胞壁特征。此外，这些方法的效率还受温度、压力、生物量条件（如浓度、干/湿状态、生长阶段）和规模等操作条件的显著影响。物理化学萃取过程中的热应力和/或化学应力可引起虾青素异构体原位结构变化和脱色/降解，从而显著影响虾青素的抗氧化活性、生物利用度和纯度等产品质量。因此，除了虾青素的提取效率外，还应适当考虑温和的操作条件，包括适当控制温度和尽量使用毒性较小的化学品。雨生红球藻的细胞，特别是含有很多虾青素的厚壁细胞，细胞壁不但阻碍提取溶剂向细胞内渗透，也影响虾青素溶液的扩散。因此在提取前必须先进行破壁处理，以破坏雨生红球藻的细胞结构，从而提高虾青素的提取量（崔宝霞，2008）。

一、雨生红球藻细胞壁的生物学特征

雨生红球藻是一种单细胞双鞭毛微藻，在不利的生长条件下，经历一系列形态变化，最终形成成熟的红色、不动、虾青素含量高的包囊。虽然雨生红球藻通过孢子囊进行无性繁殖形成 8 个或 16 个游动孢子的报道非常广泛，但很少报道它们通过配子发生与 16 个或 32 个等配子形成配子囊。球藻（尤其是雨生红球藻）的生命周期以四种不同的细胞类型为标志，即运动的动物体（卵形，10～20 μm）、绿色掌状细胞（球形，20～40 μm）、中间掌状细胞和成熟红色包囊（球形，30～60 μm）。运动的动物体以静止细胞释放后 2～3 周，通过失去鞭毛迅速进行激素生成，逐渐形成绿色掌状细胞，然后形成中间体，最后形成成熟的红色包囊，覆盖着很厚的多层细胞壁（1.8～2.2 μm）。虾青素含量高的成熟红色包囊的细胞壁是由一层三聚胺鞘组成的，三聚胺鞘是一种很强的抗乙酰化物质，其下面是第二层，主要由纤维素和甘露糖组成，排列均匀。最后，在里面是纤维素和甘露糖不均匀排列的第三层。

虾青素在雨生红球藻的红细胞转化过程中，在不利的环境条件下，如氮源枯竭、乙酸盐添加过多、光照强度强、磷酸盐缺乏或盐胁迫下，会在细胞内积累。成熟的红色包囊在细胞外基质（主壁）内形成一层厚的非晶层，作为第二壁，质膜与第二壁之间形成了较大的间隙。这导致虾青素红球藻粉口服生物利用度低和从藻粉中提取虾青素极为困难。对微藻细胞壁进行破壁的方法有很多，如球磨、超声破碎、微波辐射、酶处理、细胞均质、高压破壁等（Safi et al.，2014）。

二、物理破壁

1. 超声法

大功率超声法（通常超过 20 kHz）可以在液体介质中产生强烈的微泡，从而产生很强的空化效应。它们可以将坍塌的空泡内的温度和压力迅速提高，从而导致微藻细胞壁的破坏。Piasecka 等（2014）报道了海水小球藻（ $C. protothecoides$ ）的超声细胞壁破坏及后续氯仿/甲醇萃取，该方法的脂质产率非常高，达到 422 mg/g。在 0.3～300 GHz 范围内的微波，可以将电磁辐射以非接触方式高效均匀地传递到生物样品中。微波预处理对湿小球藻细胞壁厚、孔径等微观结构影响的定量研究显示，该工艺的油脂萃取效率（质量分数为 18.7%）低于传统的氯气/甲醇萃取工艺（20.4%），这可能是由于生物量状态的差异（基于微波技术的湿细胞和传统方法的干细胞）。结合不同的物理预处理方法可以提高细胞壁的破坏效率。Park 等（2015）提出，超声辅助高速均质化是一种有效的普生轮藻（ $C. vulgaris$ ）湿细胞破壁方法，与单一使用均质化相比，其提取率显著提高。他们还解决了溶剂的选择问题，氯化物/甲醇混合物的脂质收率（238 mg 脂质/g 细胞）高于己烷（152 mg 脂质/g 细胞）。

在较长时间作用下提取率下降的原因可能是在超声波作用下，由于空化效应引起提取液局部高温高压，使得溶液产生了 H· 和 HO· 等自由基，这些强氧化性的自由基使得虾青素分子中的共轭双键发生氧化降解，超声波作用强度越大，作用时间越长，由于空化作用产生的强氧化性自由基越多，从而导致虾青素提取率的下降（Kim et al.，2016）。

超声波的生物学效应十分复杂，不同的作用条件下其生物学作用是不同的。理论上，超声波破碎时间越长，细胞破碎越充分，提取效果越好。但需要注意的是，时间太长，不仅破碎率不会提高，甚至会对细胞中生物分子有破坏作用。还需要指出的是，破碎时间增加，超声波的空化作用使提取液温度升高，强氧化的自由基增多，会严重影响虾青素的提取率（崔宝霞，2008）。

2. 超高压

1）提取溶剂

虾青素具有脂溶性，不溶于水，溶于大多数有机溶剂。以甲醇、乙醇、丙酮、氯仿、石油醚、乙酸乙酯等常用有机溶剂及其配比溶液为提取溶剂，在提取压力为 500 MPa、保压时间为 5 min 及液固比（提取溶剂体积与藻粉质量的比值）为 100 mL/g 的条件下进行超高压提取的结果显示，使用氯仿、乙醇混合溶剂或乙酸乙酯、乙醇混合溶剂时，虾青素的转移率高于其他溶剂，二者没有显著差别。考虑到产品中溶剂残留的安全性问题，尽量选用无毒无害溶剂，如乙酸乙酯、乙醇混合溶剂。

2）液固比

在 1 g 预处理后的藻粉中分别加入 40 mL、60 mL、80 mL、100 mL、120 mL 乙酸乙酯和乙醇等体积配比的混合溶剂进行超高压提取。发现虾青素转移率随液固比的增加而增加，液固比由 40 mL/g 增加到 100 mL/g 时，虾青素转移率显著增加；当液固比超过 100 mL/g 后，转移率无明显增加，如液固比为 120 mL/g 和 100 mL/g 时的转移率无显著差别。

3）提取压力

压力是超高压提取技术的重要技术参数，其大小对提取物的转移率、溶解平衡速率及红球藻细胞的破壁等都会产生影响。当压力在 100~300 MPa 范围内时，虾青素转移率随压力升高显著增加，提取压力大于 300 MPa 后，转移率增加很小。这说明在这一压力下虾青素基本达到溶解平衡，再增加压力也不能促进虾青素的溶解。

4）保压时间

提取时间的长短是影响有效成分提取率及生产效率的重要因素，传统提取方法提取时间普遍较长，超高压提取法提取时间非常短，通常只有几分钟。在 1~10 min 范围内，延长保压时间，虾青素转移率基本不变。这是因为在很高的提取压力下，虾青素的扩散速率很快，在很短的时间（小于 1 min）内，红球藻细胞内外虾青素溶解扩散就能达到平衡。因此，与其他提取方法相比，超高压提取时间很短（郭文晶等，2008）。但是，$SCCO_2$ 作为一种高选择性的虾青素提取方法，广泛应用于雨生红球藻工业中（Irshad et al.，2019），但与其他方法相比，$SCCO_2$ 成本较高（Kang and Sim，2008）。

3. 搅拌法

将 10 d 诱导的包囊培养物（30 mL）与商业植物油（30 mL）、大豆油、玉米油、葡萄籽油或橄榄油混合。剧烈搅拌后，混合物在重力作用下沉淀。所有操作均在室温下进行。试验从含有 85 mg 虾青素的红色包囊培养物中提取虾青素，并与所述植物油进行对照。在培养基和提取罐中油脂剧烈搅拌的过程中，红细胞逐渐被破坏，虾青素被提取到油中。红色囊状雨生红球藻的虾青素由大约 70% 的单酯、25% 的二酯和 5% 的游离形式组成，这导致了虾青素具有亲脂性。因此，从包囊化的球菌细胞中提取出来的虾青素物质由于其疏水特性而有效地转移到油相。在提取虾青素的过程中，油相的红色加深，其中虾青素在 480 nm 处具有特定的吸光度。提取 48 h 后，几乎所有虾青素均从红色包囊细胞中被提取至各植物油相，回收率均在 87.5% 以上（Kang and Sim，2008）。

三、酶解

生物预处理可在温和条件下进行，酶解对微藻细胞壁造成部分破坏，以防止提取的脂质产生有害副作用和/或污染。尽管如此，酶的成本通常比化学和物理的细胞破壁方法成本高，而且在任何情况下，细胞壁的降解率更低。Chen 等（2013）提出了 *C. vulgaris* sp-1 细菌细胞壁的破坏方法，该方法需要与 *Flammeovirga yaeyamensis*（火色杆菌属细菌）共同培养 3 d，在随后的氯仿/甲醇萃取后完成 100% 脂质回收。结果表明，该酶的脂质提取效率比普通淀粉酶和纤维素酶的脂质提取效率高 57.69%。

1. pH

在酶解温度 40℃、酶加入量 1.0%、反应时间 15 h 条件下，考察不同的 pH 对酶解反应的影响。结果表明，当 pH 为 4.5 时，纤维素酶的活性最好，虾青素的提取率最高，故选用酶解 pH 4.5 为宜。

2. 温度

在酶解 pH 4.5、酶加入量 1.0%、反应时间 15 h 条件下，考察不同温度对酶解反应的影响。结果表明，随着酶解温度的升高，虾青素提取率逐渐提高，45℃酶的活性最好，但温度达到 50℃后，提取率下降。这可能是由于温度的升高，不仅导致酶的失活，也会加速虾青素的氧化分解，因此将酶解温度定为 45℃。

3. 酶量

在选定酶解温度 45℃、pH 4.5、反应时间 15 h 件下，研究纤维素酶加入量对酶法提取效果的影响。结果表明，随着酶用量的增加，虾青素提取率也逐渐提高，当酶增加到 1.5%以后，其增加趋势不明显，考虑到酶用量的加大势必会增加成本，所以纤维素酶加入量以 1.5%为宜。

4. 时间

在酶解温度 45℃、酶加入量 1.5%、pH 4.5 的条件下，考察酶解时间对提取率的影响。结果表明，随着酶解时间延长，虾青素提取率逐渐提高，但时间到 25 h 后提取率下降，可能部分虾青素被氧化分解。因此酶解时间以 20 h 为宜。

综上可知，各因素对雨生红球藻粉中虾青素的提取率影响程度依次为 pH>酶加入量>酶解时间>酶解温度。通过正交试验，综合各因素的 K 值和直接比较，结合单因素试验，综合考虑经济性因素，最后确定酶法提取的最佳工艺参数为pH 4.5、酶加入量 1.5%、酶解时间 15 h、酶解温度 45℃（周锦珂等，2008）。

四、萌发法

由于雨生红球藻的细胞壁具有更高的抗降解能力，应用于雨生红球藻细胞破壁的酶种类非常有限，而且酶价格昂贵。最近，Praveenkumar 等（2015）提出了一种新的高效节能的生物预处理方法，该方法基于雨生红球藻的自然生命周期，利用萌发（12～18 h）进行基于 1-乙基-3-甲基咪唑乙基硫酸盐（IL）的虾青素提取。在一个虾青素含量高的成熟红色包囊细胞中，形成了厚的三层细胞壁结构。随着萌发过程中补充硝酸盐等关键营养物质，包囊细胞转变为三层细胞壁较弱的潜水囊，随后释放出没有刚性细胞壁的类虫动物。这些潜水囊和动物体内易于渗透 IL，从而有效地实现了 IL 法提取虾青素。研究显示，室温下发芽12 h 和 1 min IL 萃取与常规高能量高压匀浆后乙酸乙酯萃取（24 pg/cell）相结合，得到高达 19.2 pg/cell 的虾青素产率。延长到 24 h，虾青素的提取率可达 32.5 pg/cell，而且瞬态虾青素诱导萌发和 IL 共同提取的操作有许多优点，如更少的能量输入、更低毒的溶剂使用、天然虾青素生产形式避免了热应力。然而，萌发法要进一步应用于微藻生物精制，还应适当考虑提高发芽率、同步弱化包囊细胞、回收率和回收昂贵的 IL 等问题（Kim et al.，2016）。

五、破壁条件对虾青素抗氧化活性的影响

1. 破壁温度

研究发现，在 DPPH 自由基清除能力中，50℃下提取物的 EC_{50} 值小于其他各条件下的结果，清除能力最强，为（80.90±6.10）μg/mL；35℃提取物的清除能力最弱，

当浓度增大到 1600 μg/mL 时，清除率也仅为 32.66%。在 ABTS$^+$自由基清除试验中，40℃提取物的 EC$_{50}$ [（763.12±26.31）μg/mL] 显著小于其他各试验组，表明清除效果最强；45℃提取物的 EC$_{50}$ [（1377.29±298.05）μg/mL] 最大，清除能力最弱；除 35℃ 和 40℃ 两组的差异性不明显外，其余各组之间有显著的差异性。在·OH自由基清除能力的试验中，40℃的提取物 EC$_{50}$ [（279.11±199.05）μg/mL] 最小，清除能力最强；50℃提取物 EC$_{50}$ [（289.47±280.66）μg/mL] 最大，清除能力最弱；但各组之间的 EC$_{50}$ 值差异性不显著。

2. 破壁时间

在提取物的 DPPH 自由基清除试验中，比较各个条件提取物的 EC$_{50}$ 值，得到 30 min 的提取物 EC$_{50}$ 值显著小于其他各条件下的结果，为（66.14±11.17）μg/mL，清除能力最强；20 min 提取物的清除能力最弱，最高浓度为 1600 μg/mL 时清除率仅为 14.06%；且各组数据之间的差异性显著。在 ABTS$^+$自由基清除试验中，比较各个条件提取物 EC$_{50}$ 值差异性，结果可以看出 20 min 提取物的 EC$_{50}$ 显著小于其他各条件下的结果，为（675.10±16.31）μg/mL，清除效果最强，各个条件之间的差异性显著。在·OH 自由基清除试验中，可以看出破壁时间这一因素的影响不大，30 min 提取物的 EC$_{50}$ 最小，为（781.92±108.76）μg/mL，清除能力最强，其余各条件下得到提取物清除能力很弱。

3. 酶浓度

在 DPPH 自由基清除试验中，比较各个条件下提取物的 EC$_{50}$ 值，得到 0.4 mg/mL 酶液浓度破壁时提取物的 EC$_{50}$ 值 [（363.70±36.79）μg/mL] 和 0.5 mg/mL 酶液浓度破壁时的 EC$_{50}$ 值 [（369.80±69.16）μg/mL] 显著小于其他各组条件下的结果，且两者差异不显著，清除能力最强；0.6 mg/mL 酶液浓度下提取物的 EC$_{50}$ 值 [（746.24±52.87）μg/mL] 最大，清除能力最弱。在 ABTS$^+$自由基清除试验中，0.5 mg/mL 酶液浓度破壁时提取物 EC$_{50}$ 值 [（527.03±2.49）μg/mL] 显著小于其他各条件下的结果，清除效果最强。在·OH 自由基清除试验中，可以看出 0.6 mg/mL 酶液浓度破壁时提取物和 0.7 mg/mL 酶液浓度破壁时提取物的清除效果最好，且两组的清除效果差异性不显著；其余各条件下得到提取物在最高浓度（1600 μg/mL）时清除率不到 50%。

4. pH

比较不同酶反应 pH 下提取物的 EC$_{50}$ 值，pH 5.0 条件下的提取物 EC$_{50}$ 值 [（215.75±4.09）μg/mL] 和 pH 4.0 条件下的 EC$_{50}$ 值 [（262.16±71.79）μg/mL] 显著小于其他各条件下的结果，且两者差异不显著，清除能力最强；pH 3.0 提取物的 EC$_{50}$

值[（1544.23±83.81）µg/mL]显著大于其余各条件的结果, 清除能力最弱。在 ABTS$^+$ 自由基清除试验中, 得到 pH 5.0 的提取物 EC$_{50}$ 值[（765.23±1.92）µg/mL] 显著小于其他各条件下的结果, 清除能力最强; pH 3.0 提取物清除率不到 50%, 清除能力最弱。在·OH 自由基清除这一指标中, pH 4.0 的提取物 EC$_{50}$ 值[（569.26±183.74）µg/mL] 最小, 清除能力最强（赵晓燕等, 2016）。

六、破壁效果分析

人们提出了几种破坏海藻细胞的方法, 虽然大多数方法不能很有效地破坏雨生红球藻的细胞壁（表 5-1）。这些囊状物与许多微藻和高等植物花粉中发现的囊状物相似。它们特别能抵抗化学攻击, 包括氢氧化钾和乙酸。但从物理破碎方法处理过的细胞中提取虾青素的效率非常高, 表明包囊壁出现了有效的破裂（Kobayashi et al., 1992）。

表 5-1　雨生红球藻的物理破壁方法

方法	原理	工艺参数	虾青素提取率/%	优缺点
匀浆法	利用螺旋桨高速搅拌产生的巨大的离心力、剪切力、挤压力对细胞壁进行破碎	最佳破壁时间为 22 min, 以水为介质	1.7~0.8	效果一般, 且在破壁过程中易使温度升高, 破坏虾青素的生理活性
超声辅助破壁法	超声波频率高, 为 $2×10^4$~$2×10^9$ Hz, 同时具有热效应、机械效应和空化效应, 可有效破坏物质的细胞壁	超声功率 400 W, 每次超声 5 s, 总共超声 25 min	1.0~1.2	破壁效果较好, 设备成本较低, 操作简单; 但超声过程中易发热, 需不断加冷水降温, 不适合大规模生产
直接研磨法	利用研磨时产生的剪切力、摩擦力等机械力将细胞壁破碎	研磨时间 1 min	1.2~1.5	破壁效果好, 但研磨时易产生高温, 虾青素在空气中易氧化
低温研磨法	液氮温度为–196℃, 挥发过程中会使得被研磨物质变脆, 更容易将细胞壁破碎	加液氮研磨 2 次, 每次研磨 30 s	3~3.2	破壁效果最好, 耗时短, 能最大限度地保护虾青素不受破坏; 但操作时要注意安全
冻融法	利用细胞温度的骤冷骤热使得细胞热胀冷缩, 从而达到破壁效果	破壁温度–70℃, 时间为 12 h, 冻融 2 次, 水为介质	0.9~1.0	设备简单, 操作容易, 适合大规模的生产, 适于对光、热敏感的物质; 但是破壁效果一般

对新鲜藻、成品藻粉和经过超微粉碎后的藻粉进行扫描电镜观察并进行比较, 可以观察到新鲜的球藻表面光滑, 无凹痕, 无破裂; 成品藻粉, 之前经过破壁、低温喷雾干燥等一系列工艺后变得凹凸不平, 被包埋在一起。同时观察到超微粉碎后（图 5-1）, 超微藻粉由于物料通过高能的摩擦力和撞击力实现样品的粉碎, 样品可快速被研磨破裂, 从而达到破壁的目的（季晓敏等, 2014）。

(a)　　　　　　　　　　　　　　　　　　　(b)

图 5-1　破壁前后雨生红球藻的扫描电镜图（李婷，2011）

通过显微镜观察在超高压作用下红球藻细胞形态的变化，由图 5-2 可以看出，红球藻细胞在超高压处理后没有破裂，但颜色发生了显著变化，细胞由鲜红色变成了浅灰色或者无色透明，说明红球藻细胞中的虾青素基本被提取干净（郭文晶等，2008）。

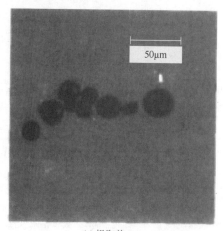

(a) 提取前　　　　　　　　　　　　　　　　(b) 提取后

图 5-2　超高压提取前后的红球藻细胞

借助双水相对雨生红球藻进行超声破壁。破壁之前雨生红球藻是一个个具有厚壁的球形，其形态很饱满；破壁之后雨生红球藻的"壳"被明显地破碎，会看到有很多碎片，如图 5-3 所示，通过碎片厚度可测出雨生红球藻的壁厚约为 409.1 nm。这说明辅助超声破壁能有效地将雨生红球藻厚壁破碎，实现可视化分析（张言等，2019）。

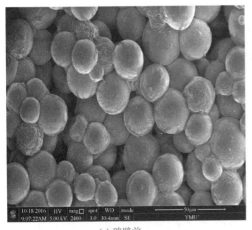
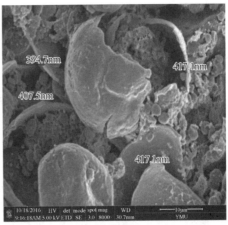

(a) 破壁前　　　　　　　　　　　　　　　(b) 破壁后

图 5-3　超声破壁前后的雨生红球藻细胞电镜扫描图

第二节　提取与分离

一、从水产品废弃物中提取虾青素

1. 碱提法

生物体内的虾青素主要是以蛋白结合物的形式存在。碱提法是指在提取过程中，采用酸将 $CaCO_3$ 溶解，用碱（$NaOH + Na_2CO_3$）将虾青素和蛋白质分离，去除蛋白质，回收得到虾青素，但使用碱提法提取虾青素得率较低。丁纯梅和陶庭先（1995）以龙虾壳为原料，用 2 mol/L NaOH 使提取率达到了 4.5%～5.0%（以湿重计）。杜云建和陈卿（2010）通过改进工艺条件，用 2 mol/L NaOH 可使提取率达到 9.31%（以湿重计）。碱提法工艺简单，但提取过程中需要消耗大量酸、碱物质，环境污染严重，而且碱性环境下经过高温处理，虾青素易氧化变成虾红素。因此近年来对碱提法的研究报道较少。

2. 油溶法

油溶法提取虾青素的前提是虾青素良好的脂溶性。主要是利用可食用油脂，如大豆油、鱼油等，最常用的是大豆油，相同的工艺条件下大豆油的提取效果明显优于鲱鱼油。而且用量和提取温度也会影响虾青素的提取率。Sontaya 等（2008）从雨生红球藻中提取虾青素，采用豆油提取率达到 36.36%±0.79%，采用橄榄油提取率为 51.03%±1.08%。Handayani 等（2008）设计试验优化棕榈油提取虾青素工艺条件，发现提取过程中温度高于 70℃时虾青素易氧化，而且提取时间不宜过长。

油溶法提取虾青素过程中不使用有毒有害物质，而且提取效率高。但虾青素浓度较低，再加上虾青素受热不稳定，与高沸点的油不容易分离。如果要得到高纯度的虾青素，必须采用柱层析等方法进行分离纯化，生产成本增高，使得油溶法的应用范围受到限制。

3. 有机溶剂萃取法

虾青素分子结构中存在大量的疏水基团，导致虾青素易溶于有机溶剂，而不溶于水。有机溶剂萃取法正是基于这一原理开展的。近年来常用的有机溶剂包括丙酮、乙醇、乙醚、石油醚、氯仿、正己烷及混合溶剂等。杜春霖（2009）采用辅助微波处理，用二氯甲烷萃取虾青素时提取率达到 3.92%。

采用有机溶剂萃取得到的虾青素粗提液经过旋蒸后，浓缩，得到高浓度虾青素油，同时低沸点的有机溶剂被回收，反复利用，减少了环境污染。但有机溶剂萃取过程中要求低温干燥，粗提液中有机溶剂的残留问题也影响了其在虾青素提取方面的应用。

4. 超临界 CO_2 萃取法

超临界流体萃取（SFE）技术是近年来发展的高新技术，其中萃取剂的选择尤为关键。CO_2 因其无毒无害、溶解能力强、成本低等一系列的优点，已成为首选。以海南对虾壳为原料，采用超临界 CO_2 萃取技术，二氯甲烷为夹带剂，优化工艺条件，在萃取压力为 35 MPa、萃取温度为 60℃时提取效果最好。超临界 CO_2 萃取技术具有产品纯度高、溶剂残留少、无毒副作用等优点，近年来越来越受到重视。但设备前期投资大、生产技术要求高，目前用于大规模工业生产尚存在一定困难。

5. 酶解法

酶解法反应条件温和，对虾青素的破坏小，因而被广泛采用。姜淼等（2011）以虾壳为原料，采用内源酶（以蛋白酶、酯酶、几丁质酶和多酚氧化酶为主）进行酶解，虾青素得率最高达到 32.16 μg/g（湿虾壳），比采用直接超声波法提高 28%。周锦珂等（2008）采用酶解（纤维素酶）和有机溶剂（乙醇）相结合法提取雨生红球藻中的虾青素，提取率达 94.6%。采用木瓜蛋白酶酶解，具有化学试剂用量少，蛋白质易回收等优势，而且木瓜蛋白酶能够选择性降解甲壳素结构中的 GlcNAc-GlcN 糖苷键，目前被广泛采用（黄永春等，2003）。以虾仁废弃物为原料，添加 1.30%木瓜蛋白酶酶解，总类胡萝卜素提取率最高达 63.059 μg/g（湿重），比有机溶剂萃取法提高了 19.88%（赵仪和陈兴才，2006；张晓燕，2013）。

　　利用商业蛋白酶水解小龙虾废弃物，米利唑酶 8X 可使虾青素释放量增加 58%。以 1：1（v/w）的小龙虾渣与油脂为原料进行色素提取，可获得最大的油脂回收率。虾青素浓缩油（60 mg/100 g 油），以 1：10 或 3：10（v/w）的比例提取，在第二阶段提取后，可用于各种色素沉淀目的，特别是添加到鲑鱼类的水产饲料中（Chen and Meyers，1982）。

二、提取因素的影响

1. 溶剂

　　溶剂的选择对于虾青素的提取是非常重要的。由于虾青素不溶于水，在极性弱的有机溶剂中溶解度较大，溶剂与细胞接触时，存在亲水性和疏水性问题，疏水性溶剂向藻细胞内部渗透的速率比亲水性溶剂慢，因而会导致溶解度和提取速率较低，为了加快渗透速率，加入极性较高的溶剂，有助于提高虾青素的提取率。据文献报道，虾青素在氯仿中溶解度为 10 g/L，在极性较强的有机溶剂中溶解度较小，如丙酮中虾青素的溶解度为 0.2 g/L。由表 5-2 的结果可以看出，虽然虾青素易溶于极性弱的有机溶剂，但是由于氯仿等溶剂亲水性很差，溶剂不容易进入细胞中，因此提取率不高；石油醚、二硫化碳等溶剂的提取量比其他溶剂提取量均低，原因是石油醚、二硫化碳等极性非常弱；而甲醇、丙酮、二甲基亚砜的极性较高，虾青素的溶解度虽然较差，但是由于它们是亲水性溶剂，易于渗透进入细胞中，因此有些提取量反而比弱极性溶剂高。比较相同藻浓度下各种不同溶剂提取得到的虾青素含量，可知二甲基亚砜最有利于从雨生红球藻细胞中提取出虾青素（崔宝霞，2008；刘晓娟等，2012）。

表 5-2　不同溶剂提取虾青素的提取率

溶剂	吸光度	虾青素含量/(μg/mL)
二硫化碳	0.030	0.675
乙醇	0.006	0.135
甲醇	0.016	0.360
丙酮	0.037	0.832
石油醚	0	0
二甲基亚砜	0.133	2.992
氯仿	0.028	0.630
氯仿：甲醇（1：1）	0.032	0.720
氯仿：乙醇（1：1）	0.010	0.225
氯仿：丙酮（1：1）	0.072	1.620

2. 温度

以乙酸乙酯：乙醇（v/v，1∶1）为提取溶剂，在提取时间为 30 min、液固比 1∶1 条件下进行单因素试验，研究温度对虾青素提取率的影响。温度在 25～45℃范围内，虾青素的提取率随温度的升高而逐渐升高，45℃时的提取率达到最高，但随着温度的进一步提高，虾青素的提取率有所下降。由于虾青素在较高的温度下易发生分解，因此提取温度不宜过高，所以可选择 45℃为虾青素的提取温度。

3. 时间

以乙酸乙酯：乙醇（v/v，1∶1）为提取溶剂，在温度为 45℃、液固比 1∶1 条件下进行单因素试验，研究提取时间对虾青素提取率的影响。在 15～60 min 时虾青素提取率随提取时间的延长变化不大，在 60～105 min 时虾青素提取率随提取时间的延长逐渐升高，105 min 时虾青素的提取率最高，在 105～150 min，随提取时间的延长，提取率逐渐下降。由于溶剂需要渗透进入细胞壁才有利于虾青素的提取，因此提取时间不宜过短，但由于提取溶剂为易挥发的有机溶剂，所以提取时间过长会导致溶剂的挥发和虾青素的分解，因此提取时间选择 105 min。

4. 液固比

以乙酸乙酯：乙醇（v/v，1∶1）为提取溶剂，在温度为 45℃、提取时间为 105 min 条件下进行单因素试验，研究液固比对虾青素提取率的影响。在试验设置的液固比范围内，虾青素的提取率随着液固比的降低而降低，液固比为 3∶1 时，虾青素提取率最高。由于液固比的降低会导致藻粉与提取溶剂的接触面积减小，提取不充分，从而提取率降低，因此当提取液固比大于 2∶1 时提取率较高。

5. 交互作用

以乙酸乙酯：乙醇（v/v，1∶1）为提取溶剂，对试验结果进行响应面分析。温度对提取率的影响显著，而时间和液固比对提取率的影响不显著，三者对虾青素提取率影响强弱顺序为温度＞液固比＞时间；且温度和时间交互作用以及温度和液固比交互作用显著，其中温度和液固比交互作用最显著。虾青素提取率随着温度升高而迅速升高，达到一定程度出现小幅回落；随着液固比的增大，提取率也缓慢上升。因此，这可以说明温度和液固比交互作用比较显著，并且温度对提取率影响最大（刘晓娟等，2012）。

三、从酵母中提取虾青素

采用超临界流体萃取法从红发夫酵母（*Phaffia rhodozyma*）中提取虾青素，测定了萃取压力（102～500 bar[①]）、温度（40℃、60℃、80℃）、CO_2 流速（0.27 cm/min、0.54 cm/min）和乙醇作为改性剂（体积分数分别为 1%、5%、10%、15%）对萃取效率的影响。在 40℃和 500 bar 条件下，类胡萝卜素和虾青素的最高产量分别为 84%和 90%。使用两步操作压力梯度，改变压力从 300 bar 到 500 bar，随着产量的下降（大约 50%）虾青素的浓度在第二阶段 500 bar 时分别增加了大约 4 倍和 10 倍（40℃和 60℃），而类胡萝卜素的浓度在 40℃和 60℃时分别增加了 3.6 倍和 13 倍（Lim et al.，2002）。

第三节　稳　定　性

一、影响稳定性的因素

因为大多数类胡萝卜素是一种高度不饱和分子，因此在光和氧气充足的条件下虾青素很容易被降解。研究显示，雨生红球藻来源的虾青素光稳定性较差。光照显著影响虾青素的稳定性（$P<0.05$），特别是太阳光。随着光照时间的延长，其吸光度大幅度下降；太阳光照射 5 h 左右，虾青素的吸光度减小至接近 0。室内自然光条件下，24 h 后测定虾青素的残存率为 75%；避光保存时，虾青素的吸光度基本不变。考察光照、加热情况下虾青素的稳定性和抗氧化性的变化发现，在光照和加热条件下，减少的全反式虾青素转化为其顺式异构体，且主要转化为 1,3-顺式异构体，对应的转化率分别为 50%、100%。通过紫外照射试验发现，虾青素各异构体含量变化与光照试验结果相近，说明光照对虾青素的影响主要是其中的紫外光引起的。所以，在光照和加热情况下虾青素容易发生降解以及异构体之间的转化，虾青素的处理、保存应尽可能避光操作（张丽瑶等，2018）。

溶液中的碱浓度也会对虾青素的稳定性产生较大的影响。随着碱浓度增大，游离虾青素含量呈明显下降趋势，表明游离虾青素对碱不稳定，碱浓度越大，游离虾青素降解越严重。因此在利用不同碱浓度对虾青素进行皂化反应时，要考虑碱对皂化产物即游离虾青素的降解的动态平衡，控制好皂化反应的条件，选择合适的碱浓度、合适的温度和时间，即可以完全将虾青素酯皂化成游离虾青素，减少碱浓度对游离虾青素的降解作用。

---

① 1 bar = 10^5 Pa。

　　但是，虾青素在一定温度范围内具有良好的稳定性。在 40℃以下随时间的延长吸光度变化不大，说明雨生红球藻来源的虾青素在 40℃以下比较稳定；当温度为 50℃和 60℃时，随着时间的延长，溶液的吸光度呈下降趋势，由此可见温度高于 50℃可影响色素的稳定性（黄水英，2008）。对虾青素不同喷雾干燥条件下的稳定性研究显示，虾青素在 180℃/110℃（入口温度/出口温度）干燥和–21℃氮气下储藏效果最好，储藏 9 周后虾青素降解率低于 10%。在 180℃/80℃、–21℃氮气，180℃/110℃、21℃氮气和 220℃/80℃、21℃的真空条件下，虾青素都可以得到合理的保存，虾青素降解率等于或低于 40%。为防止雨生红球藻生物质的虾青素降解，建议将喷雾干燥（180℃/110℃）的胡萝卜素细胞置于氮气于–21℃下保存（Raposo et al.，2012）。

二、提高稳定性的方法

1. 添加稳定剂

　　避光条件下，在添加还原剂和未添加还原剂的色素提取液中虾青素含量变化不大，特别是添加还原剂组虾青素的吸光度变化不明显。但随着放置时间延长，未添加还原剂组虾青素的吸光度急剧下降；而添加还原剂组的虾青素吸光度变化极小，可见还原剂对虾青素有较好的保护作用（黄水英，2008）。

　　由于虾青素作为一种功能性脂类，可以很容易以纳米分散体的形式加入到不同的水基食品配方中，所以有研究采用聚山梨酸盐 20（PS20）、酪蛋白酸钠（SC）、阿拉伯树胶（GA）等不同的稳定剂体系制备了虾青素纳米分散体系，并对这三种稳定剂进行了分析。结果表明，虾青素的降解遵循一级动力学规律，在大多数情况下，复合的稳定纳米分散体系中的虾青素稳定性要优于单一稳定剂的（Anarjan and Tan，2013）。

2. 形成复合体

　　虾青素作为水产养殖饲料中的首选色素，正受到越来越多的关注。为了防止虾青素在生产和储存过程中被热降解或氧化降解，有研究者采用了壳聚糖包裹匀浆细胞的方法来保护虾青素。首先使雨生红球藻藻粉形成珠状，然后用 5 层壳聚糖涂膜处理，形成壳聚糖-藻胶囊，平均直径为 0.43 cm，总膜厚约为 100 μm。包裹后的雨生红球藻抗氧化活性降低了约 3%。不同储藏条件下的稳定性结果表明，尽管包封导致了 3%的抗氧化活性损失，但从雨生红球藻生物量、微球和胶囊的长期稳定性来看，壳聚糖包封覆膜可以保护红球藻细胞免受氧化胁迫（Kittikaiwan et al.，2007）。

　　为了提高虾青素的稳定性和促进其在食品系统中的应用，采用了喷雾干燥法制备虾青素胶囊。其中，牛奶蛋白［乳清分离蛋白（WPI）或酪蛋白酸钠］和碳水化合物［可溶性玉米纤维（SCF70）］的混合物作为壁材。结果表明，喷雾干燥可以将稳定的虾青素乳剂转化为具有较好的水活度、表面形貌和氧化稳定性等性能的粉体。重组乳剂的稳定性与母体乳剂相似。牛奶蛋白和碳水化合物壁体系的微囊化效率均较高（≥95%），说明这些壁基质对疏水性虾青素的包封是合适的（Shen and Quek，2014）。

同样，为克服虾青素易受到外界光、热、金属离子等因素的影响和提高虾青素的稳定性，纳米包载技术也被引入。采用卵磷脂、壳聚糖作为纳米载体的材料，通过探头超声作用，使两亲性的卵磷脂/壳聚糖在水溶液中形成单分散性的纳米乳。以纳米乳的平均粒径为响应值，运用响应面法优化试验设计，最终得到最优制备条件为卵磷脂/壳聚糖比为 20∶1（w/w），超声时间为 16.0 min，乳化剂吐温 80 的系统用量为 1.5%（w/v），卵磷脂/壳聚糖纳米乳的平均粒径为 121.34 nm（测定样品数 $n = 3$）。纳米粒度分析仪测定纳米乳的表面 Zeta 电位是 + 39.6 mV，表明制备的纳米乳是较为理想的载体。利用透射电子显微镜（TEM）进行观察，纳米乳的形态呈球形并且分布均匀。将虾青素包埋到卵磷脂/壳聚糖纳米乳中并进行体外评价发现，采用纳米包载技术将虾青素包埋后，虾青素纳米乳的粒径变大，表面 Zeta 电位大于 + 30 mV，TEM 观察形态呈球形并且分布均匀。随着虾青素投入量的增加，虾青素纳米乳的平均粒径变大，载药量增加，而包封率却降低。体外释放试验表明，虾青素纳米乳具有 pH 敏感性，在低 pH 条件下，虾青素释放较快，在 pH 7.4 下更稳定。稳定性试验表明，与游离虾青素相比，虾青素通过纳米乳包埋之后不容易异构降解，更加稳定。总还原力试验和抗氧化试验表明，虾青素经过包埋后能够长期有效保持虾青素的总还原力和抗氧化活性。因此，虾青素纳米乳应在低温磷酸盐缓冲溶液（pH 7.4）中保存（张晓燕，2013）。

当然，也有研究者考虑到虾青素较低的水溶性和稳定性，将虾青素成功嵌入羟丙基-β-环糊精（HPCD）中，结果显示虾青素的水溶性和稳定性获得了明显的提升（Yuan et al.，2013）。

第六章　虾青素的化学合成

第一节　化学合成简介

关于虾青素的合成曾有一段特殊、有趣的发展历史。在 20 世纪 70 年代初，伊斯勒就宣称"虾青素将成为一种很有市场的商品"。但是，市场的需求量是以克或者千克来计算的，所以，虽然早在 1967 年，Leftwick 和 Weedon 就首次通过角黄素制备了虾青素，但要大量、快速地供给市场所需的虾青素，那是无法满足的。基于虾并利用酶能够从 β-胡萝卜素合成虾青素，Kienzle 和 Hodler 团队首先采用合成的方法分别以 7% 和 20% 的收率成功制备了虾青素。但该方法采用的是部分合成，这对于千克级的市场需求仍需进一步深入研究。另外，部分合成得到的是（3S, 3′S）、（3S, 3′R）和（3R, 3′R）异构体 1：2：1 混合物，这些异构体经 HPLC 法很容易检测到。为此，开发一种针对(3S, 3′S)-虾青素的合成方法显得尤为重要。随后发现，龙虾的卵中不仅含有(3S, 3′S)-虾青素，还含有相当数量的（3S, 3′R）和（3R, 3′R）异构体，这是 meso-虾青素和 meso-类胡萝卜素在自然界中的首次发现。不久之后，Schiedt 和他的同事报道，三文鱼中也普遍存在类似的异构体分布。这些重要的发现为 Widmer 和他的同事根据 $C_{15} + C_{10} + C_{15} \longrightarrow C_{40}$ 方案，以 1：2：1 混合物 [（3S, 3′S）、（3S, 3′R）和（3R, 3′R）] 合成虾青素提供了非常有效的技术基础（Mayer，1994）。

现在报道的虾青素全合成方法主要有以下几种：①以角黄素（含有 40 个碳原子）为起始原料，用二异丙氨基锂处理两个羰基，形成双烯醇负离子，再用三甲基氯硅烷保护形成双烯醇硅醚，最后用过氧酸对双烯醇硅醚选择性氧化得到虾青素。反应虽然步骤短，但角黄素本来就很贵，两步收率为 55%～65%，所以此路线并不经济；②$C_9 + C_1 \longrightarrow C_{10}$，$2C_{10} + C_{20} \longrightarrow C_{40}$ 路线，以 6-氧代异佛尔酮（C_9）为起始原料，经过多步反应后在强碱作用下与氯甲基三甲基硅烷（C_1）加成反应得到 C_{10} 烯醇硅醚，再与 C_{20} 双缩醛在路易斯（Lewis）酸催化下缩合形成 C_{40} 骨架，最后在强碱作用下脱烷氧基形成共轭双键得到虾青素；③$C_9 + C_6 \longrightarrow C_{15}$，$2C_{15} + C_{10} \longrightarrow C_{40}$ 路线，以 6-氧代异佛尔酮（C_9）为起始原料，与六碳炔醇（C_6）经过多步反应形成 C_{15} 三苯基膦盐，再与 2,7-二甲基-2,4,6-辛三烯-1,8-二醛（C_{10}）在碱存在下反应生成虾青素。虽然步骤长，工艺复杂，但这条路线却是目前唯一工业化的路线。

皮士卿等（2007）采用 $2C_{15}+C_{10}\longrightarrow C_{40}$ 的合成路线来制备虾青素，其中对关键中间体 C_{15} 部分的合成设计了如下一条新的路线，即 $C_{13}+C_2\longrightarrow C_{15}$。以工业化的 α-紫罗兰酮产品为起始原料，采用工业上可用的常规分离方法，通过多步反应得到关键中间体 6-羟基-3-(3-甲基-3-羟基-1,4-戊二烯)-2,4,4-三甲基-2-环己烯-1-酮，继而与氢溴酸和三苯基膦反应得到 C_{15} 三苯基膦盐，在碱存在下与 2,7-二甲基-2,4,6-辛三烯-1,8-二醛缩合反应，重结晶后得到纯度 98% 的虾青素，9 步反应总收率 38%。

虽然虾青素的来源主要有生物发酵提取和人工化学合成，但生物发酵提取成本高、产量小，所以导致在市场上的占有量很小。目前，市场上大多数的虾青素是通过瑞士 Hoffmann 公司和德国 BASF 公司人工合成生产。

第二节　合成线路

一、Hoffmann 公司合成路线

Hoffmann 公司合成路线以 6-氧代异佛尔酮为原料，首先利用丙酮与甲醛在弱碱条件下发生羟醛缩合生成羟基丁酮，然后失水生成 α,β-不饱和丁烯酮，再与乙炔发生 1,2-亲核加成生成六碳炔叔醇，在硫酸作用下重排成六碳炔伯醇，再将羟基进行保护后与 6-氧代异佛尔酮发生一系列转化生成 C_{15} 三苯基膦盐，最后在强碱作用下与 2,7-二甲基-2,4,6-辛三烯-1,8-二醛进行双边的 Wittig 反应形成目标产物虾青素。

虾青素自 1984 年起由 Roch 公司工业化合成。基于 $C_{10}+C_{20}+C_{10}=C_{40}$ 方案，通过二烯醚缩合策略合成虾青素，如图 6-1 所示。特定取代的二烯醚（4）与藏草二醛二炔缩醛（3）以 C_{20} 组分作为中心双重缩合，可以得到中间产物（2），其中包含了保护虾青素形式的端基官能团。用矿物酸水解可以释放出游离的 α-羟基酮基，或许在这些条件下甲醇会被除去，直接生成虾青素（1）。由于在路易斯酸条件下（如溴化锌）用藏草二醛二甲基缩醛（3）和亲核二烯醚（5）反应难以成功（图 6-2），使用其他催化剂及溶剂也不可能提高该反应的收率，可得出以下结论：在缩合的第一步，醇氧基（甲氧基）被路易斯酸从缩醛 3 中除去，生成碳铵离子，然后与亲核二烯醚（如 4 或 5）反应，如图 6-1 所示。亲核二烯醚（5）本身由二烯醚和缩醛组成。路易斯酸（如 ZnB_2）以复杂的氧原子和开放的缩醛形成一个叔碳正离子（7/8）稳定邻近的氧原子（图 6-3）。

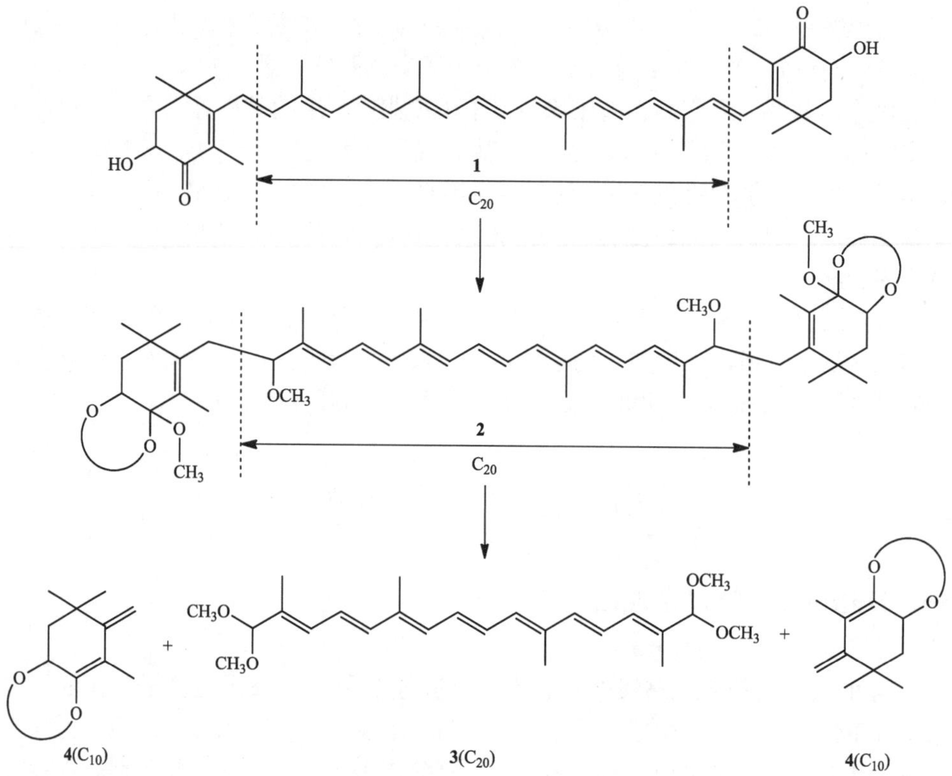

图 6-1　虾青素（1）的逆合成分析

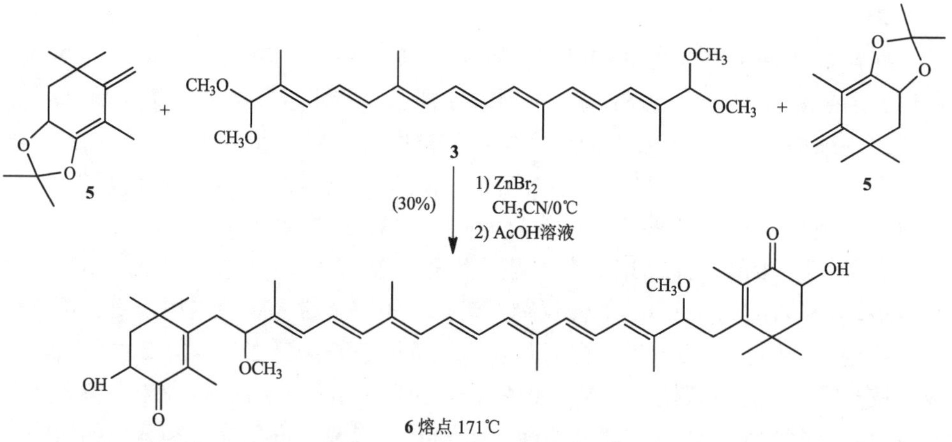

图 6-2　藏草二醛二甲基缩醛（3）和亲核二烯醚（5）的反应

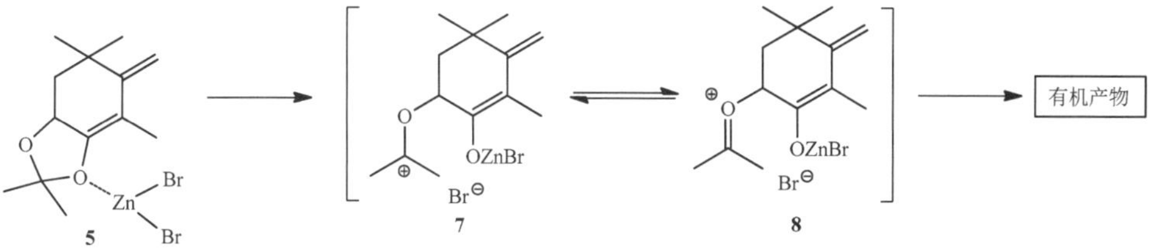

图 6-3 亲核二烯醚（5）与路易斯酸的反应

合成亲核二烯醚 **12**，如图 6-4 所示。2,2,6-三甲基-4,5-二羟基环己烷-5-烯-1-酮（**9**）与乙酸乙酯中的 *p*-甲醛反应，在逆温和对甲苯磺酸（*p*-TsOH）存在下，得到结晶保护的酮 **10**，收率为 93%。随后在戊烷条件下彼得森烯烃化，与三甲基硅烷基甲基氯/锂，通过中间体（**11**）成为无色可蒸馏液体 C_{10} 二烯醚（**12**）。

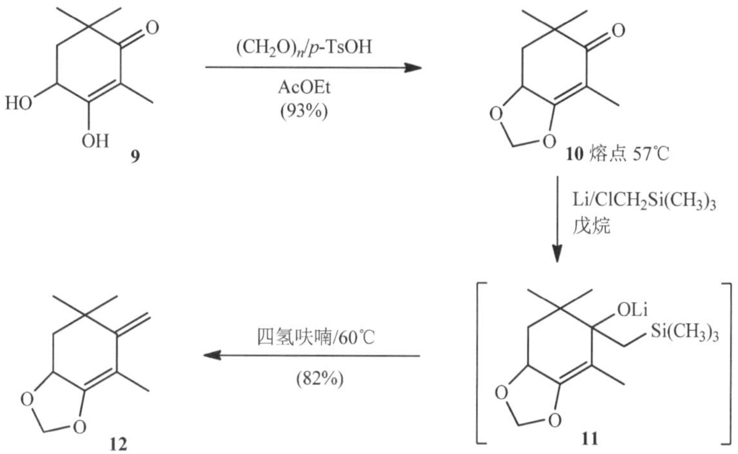

图 6-4 亲核二烯醚（12）的合成

制备藏草二醛二甲基缩醛（**3**）。C_{10} 二醛二甲基缩醛（**13**）在甲苯中存在摩尔百分比为 1 的 *p*-TsOH 时，与 2 个当量 1-甲氧基-2-甲基-1,3-丁二烯（**14**，即甲氧基异戊二烯）在-25℃反应。经水解（AcOH 溶液）和消除 2 等份甲醇（NaOCH$_3$ 摩尔百分比为 15）后，以 73%的收率得到紫色的片状藏草二醛（**15**）（HPLC 纯度为 99.3%），熔点为 194℃。酸催化乙酰化与原甲酸三甲酯形成相应的晶体缩醛 **3**，其产率为 91%（图 6-5）。

将 C_{10} 二烯醚 **12** 与藏草二醛二甲基缩醛（**3**）在二氯甲烷中以-25℃反应，在缩醛 **3** 的基础上，得到了预期的缩合产物 **16**，收率高达 94%。这种结晶中间体（熔点为 169～172℃）的分离非常简单：反应后直接溶剂交换（CH$_2$Cl$_2$ 和 CH$_3$OH）导致产物 **16** 析出。该反应的最佳催化剂为 Fe(Ⅲ)Cl$_3$ 或 BF$_3$O(C$_2$H$_5$)$_2$。当化合物

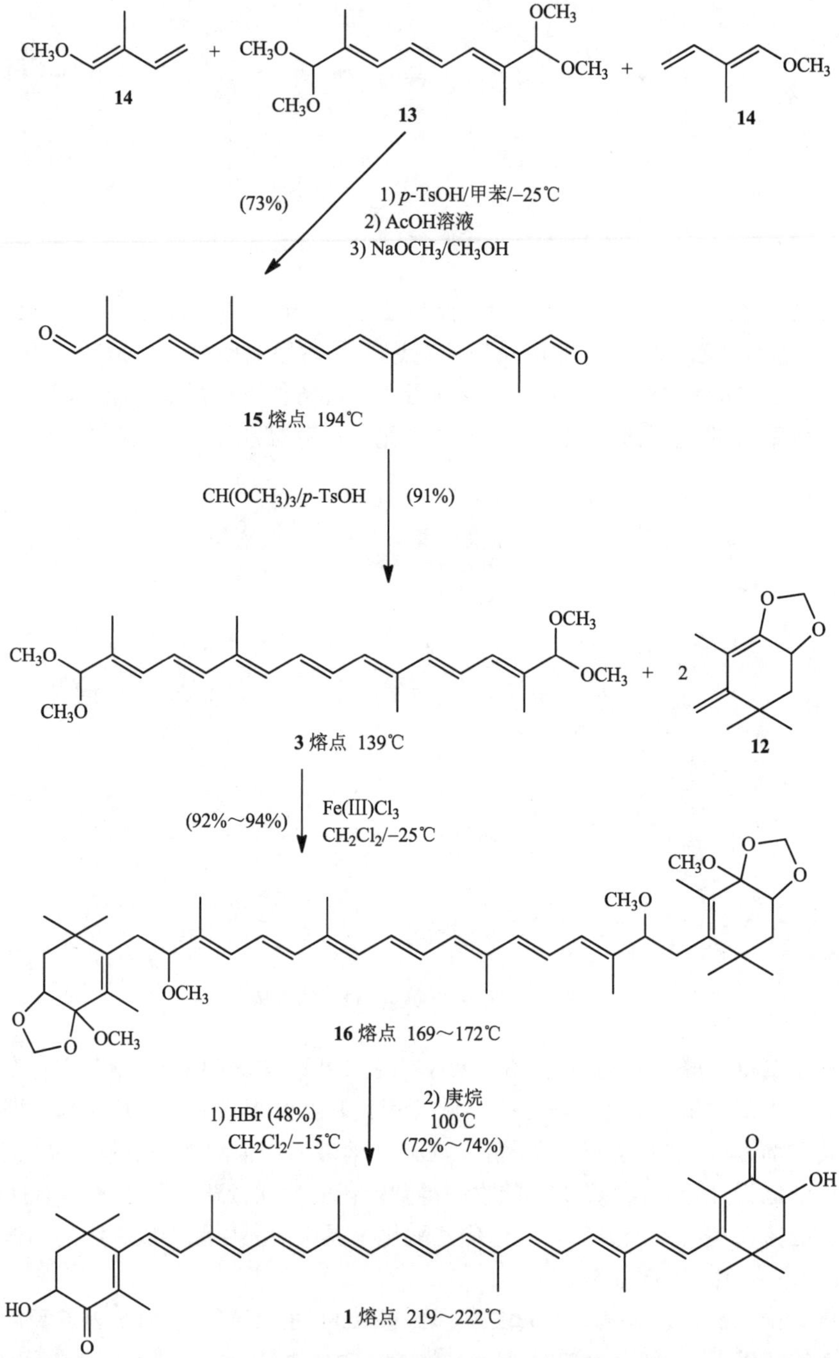

CH_3O
14
+
CH_3O
OCH_3
OCH_3
CH_3O
13
+
OCH_3
14
(73%)
1) p-TsOH/甲苯/–25℃
2) AcOH溶液
3) $NaOCH_3/CH_3OH$
O
O
15 熔点 194℃
$CH(OCH_3)_3$/p-TsOH
(91%)
CH_3O
CH_3O
OCH_3
OCH_3
+ 2
O
O
3 熔点 139℃
12
(92%～94%)
Fe(Ⅲ)Cl_3
CH_2Cl_2/–25℃
CH_3O
CH_3O
O
O
OCH_3
O
O
OCH_3
16 熔点 169～172℃
1) HBr (48%)
CH_2Cl_2/–15℃
2) 庚烷
100℃
(72%～74%)
O
OH
HO
O
1 熔点 219～222℃

图 6-5　虾青素（1）的合成

16（立体异构体混合物）在-15℃二氯甲烷中用 HBr 溶液（48%）处理时，缩醛基团立即水解，甲醇立即被消除。虾青素（**1**）是全 *E*-和 9*Z*, 13*Z*-异构体的混合物（大约形成了 15%～20% 9*Z*, 13*Z*-虾青素），然后在逆流庚烷中异构化为全 *E*-虾青素。

从二氯甲烷/丙酮结晶后，全 *E*-虾青素（**1**）通过 219～222℃（熔点）以紫色亮晶的形式分离得到。高效液相色谱法检测显示，95%～96%为全 *E*-虾青素，0.5%为 9*Z*, 13*Z*-虾青素，1%为 8′-载脂蛋白-*β*-虾青素（C_{30}），1.5%为单(甲氧基)-虾青素，0.3%为半虾青素（RuÈttimann，1999）。

二、BASF 公司合成路线

BASF 公司合成路线与瑞士 Hoffmann 公司的合成路线大同小异（图 6-6），最主要的区别在于合成中间体六碳炔叔醇并不先经过酸化重排，而是先将羟基进行保护，再与 6-氧代异佛尔酮发生一系列转化，转化的过程中进行重排，最后得到目标产物虾青素，收率超过 80%。这两条路线虽然生产过程比较长，中间过程的控制方法难度比较大、要求严格，工艺流程很复杂，但是已经实现了工业化生产，是市场上虾青素供应的最主要工业化来源。

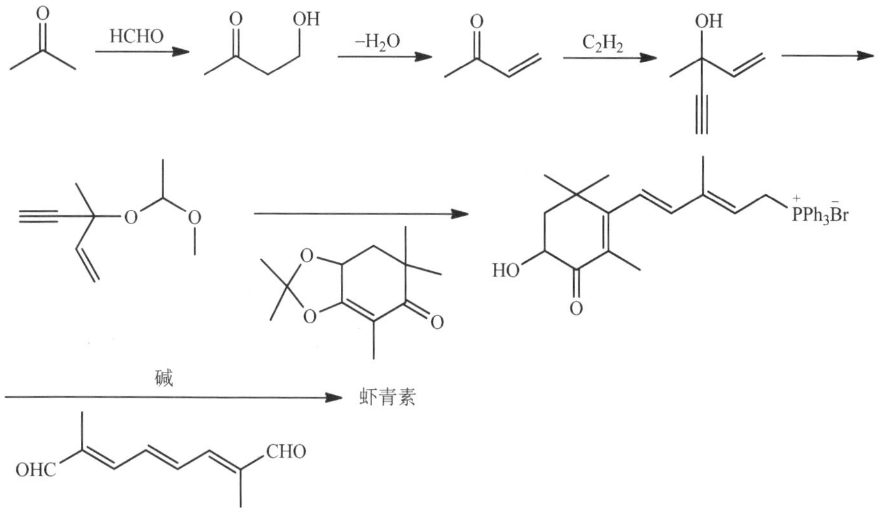

图 6-6　BASF 公司合成路线

三、国内皮士卿等的合成路线

国内皮士卿等尝试了另一种生产十五碳季膦盐的方法（图 6-7）。以 *α*-紫罗兰

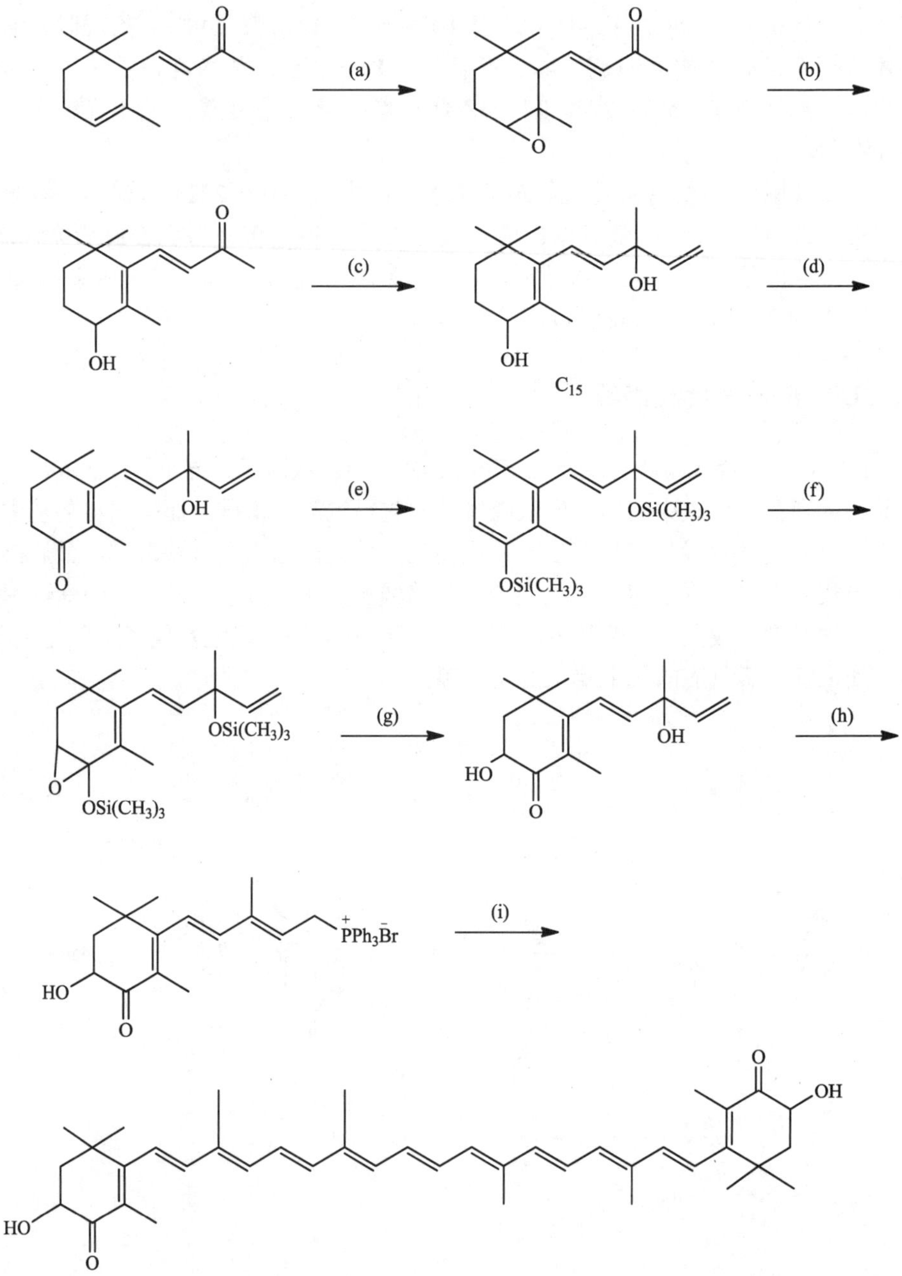

图 6-7　皮士卿等的合成路线

试剂和条件：（a）*m*-CPBA/CH₂Cl₂，0℃；（b）NaOCH₃/CH₃OH；（c）CH₂ = CHMgCl/四氢呋喃，-30℃；
（d）异丙醇铝/丙酮，回流；（e）LDA/TMSCl；（f）*m*-CPBA/CH₂Cl₂，-20℃；（g）K₂CO₃/CH₃OH，回流；
（h）HBr/PPh₃；（i）NaOCH₃/CH₃OH，2,7-二甲基-2,4,6-辛三烯-1,8-二酮，0℃

酮为原料，经过间氯过氧苯甲酸（m-CPBA）处理生成 α-紫罗兰酮环氧化衍生物，然后依次经过碱化水解、中间体纯化、与乙烯基格氏试剂加成、选择性氧化、碱化硅醚化保护、再环氧化、水解等中间过程，接着在氢溴酸作用下与三苯基膦作用生成 C_{15} 三苯基膦盐，最后在强碱正丁基锂或二异丙基胺锂作用下与2,7-二甲基-2,4,6-辛三烯-1,8-二醛进行双向 Wittig 反应生成最终产物虾青素（龙昇辉等，2013）。

在这条合成线路中存在两个控制反应的关键因素。第一个是用气相色谱跟踪反应。第一步用间氯过氧苯甲酸将 α-紫罗兰酮环氧化时，为了保证 α-紫罗兰酮被环氧化完全，间氯过氧苯甲酸可稍稍过量5%～10%。反应前期可以方便地通过薄层层析跟踪反应进程，反应后期由于有 β-紫罗兰酮杂质的存在会干扰反应终点的判断，所以需采用气相色谱跟踪。当 α-紫罗兰酮原料消失时，气相色谱分析目标产物含量在 94%～95%，这时需要将反应及时终止。如果继续反应，主峰前面很近的一个杂质峰会明显增多，可以从1%上升到10%。

第二个是由于环氧化物在碱性催化下重排成目标产物羟酮化合物时，羟酮化合物的纯度会大大影响后面十五碳合成单元的反应收率和纯度，所以可利用羟酮化合物上的羟基与琥珀酸酐生成酯的方法，将成酯后的产物溶于碱性水溶液，不溶于水的杂质用非水溶性溶剂萃取，然后将成酯后的产物在碱性催化下用甲醇酯交换以85%收率得到了纯的羟酮化合物（皮士卿等，2007）。

四、$C_{20} + 2C_{10}$ 合成路线

$C_{20} + 2C_{10}$ 合成路线（图6-8）最主要是利用了 α, β-不饱和烯醇醚与二十碳双缩醛发生缩合、碱化形成虾青素，但是合成过程中有一部分中间体合成难度很大，选择性控制过程很难，不能进行大规模的工业化生产，只是有一定的参考价值。

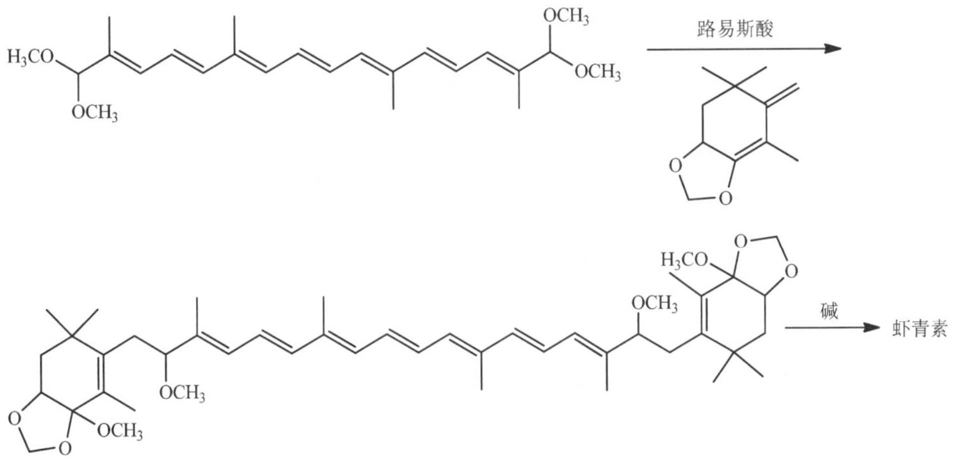

图6-8 $C_{20} + 2C_{10}$ 合成路线

五、二甲基虾青素转化路线

二甲基虾青素转化路线（图 6-9）以 β-紫罗兰酮为原料，先与 N-溴代丁二酰亚胺（NBS）发生烯丙位的溴代，然后通过一系列的中间转化过程生成最重要的合成中间体十九碳醛，后者与乙炔基格氏试剂进行双向羰基亲核加成生成虾青素

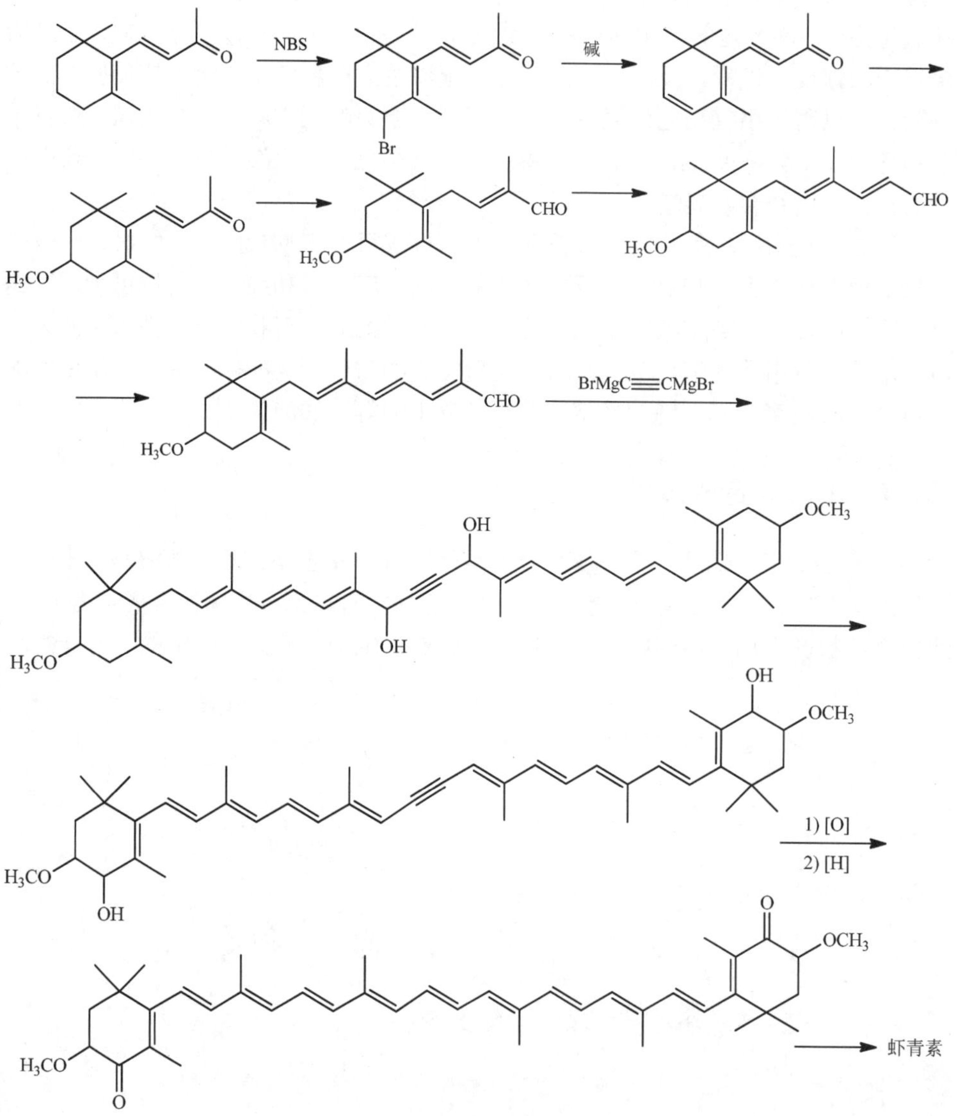

图 6-9　二甲基虾青素转化路线

的碳链骨架，再经过中间转化、氧化、还原生成二甲基虾青素，最后水解转化生成虾青素。此路线最主要的缺陷在于二甲基虾青素转化为虾青素的效率很低，而且转化容易带来进一步的氧化，控制难度大，停留困难。

六、角黄素转化路线

角黄素转化路线（图6-10）以角黄素为原料，经过碱化、硅醚化、环氧化、水解等4个过程合成了虾青素，具有路线短、收率高（约为60%）的特点，然而角黄素的成本高，而且生产过程中有一定的危险性，难以达到大规模工业化生产的要求，但是从其合成过程中能得到一定的启示和借鉴。

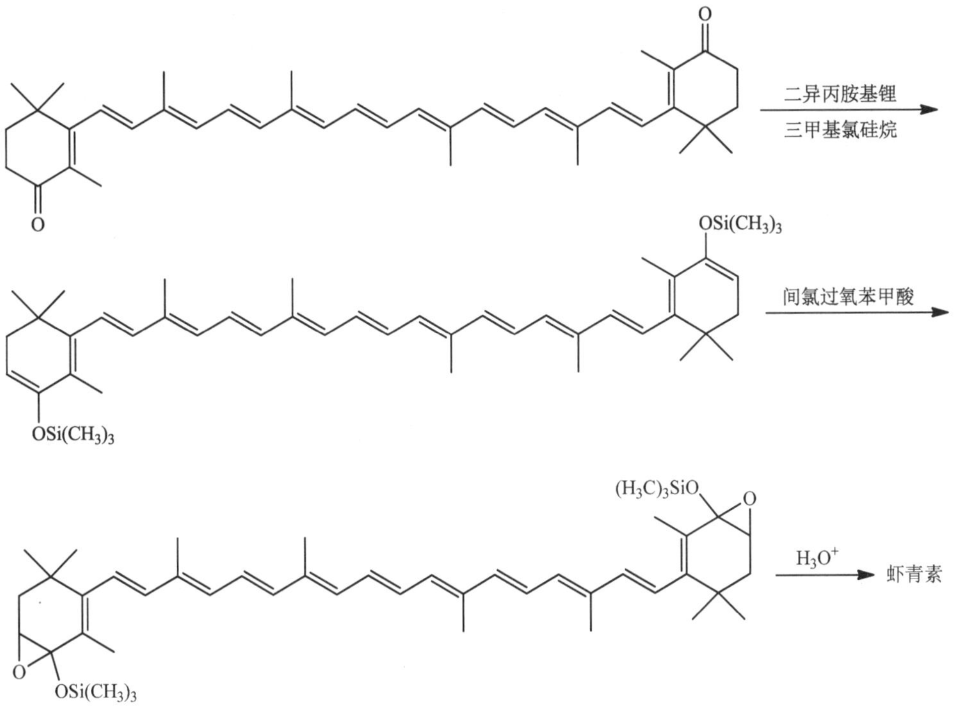

图6-10　角黄素转化路线（龙昇辉等，2013）

第七章　虾青素的质量控制

第一节　安全性评价

一、安全性

虾青素是一种天然的营养成分，作为一种膳食补充剂在世界各地销售。虾青素的主要商业来源是雨生红球藻（微藻）。越来越多的科学文献表明，虾青素是一种比其他类胡萝卜素和维生素 E 更强的抗氧化剂，可能对健康有益。但是，在使用虾青素之前对其进行人体安全性评价是非常必要的。在一项研究中，35 名 35～69 岁的健康成年人被纳入一项为期 8 周的随机、双盲、安慰剂对照试验。所有的参与者每天吃 3 粒胶囊，每餐 1 粒。19 名受试者接受含有红花油红球藻提取物的胶囊，每粒胶囊含有 2 mg 虾青素（处理组）；16 名参与者只接受含有红花油的胶囊（安慰剂组）。在试验开始和补充 4 周及 8 周后，进行了血压和血液化学测试，包括一个全面的代谢检查和细胞血细胞计数。除血清钙、总蛋白、嗜酸性粒细胞外，处理组与安慰剂组在参数分析上无明显差异（$P<0.01$）。虽然这三个参数的差异具有统计学意义，但差异非常小，临床意义不大。这些结果表明，健康的成年人每天可以安全地食用 6 mg 雨生红球藻提取物——虾青素（Spiller and Dewell，2003）。

作为一种极有前景的天然饲料添加剂，虾青素对动物及人类的安全性备受关注。许多学者在这方面进行了研究，迄今还没有发现虾青素的毒副作用。通过饮用的方式给三组受试人群每天分别摄入 3.6 mg、7.2 mg 和 14.4 mg 虾青素，服用时间持续两周，未发现不良反应和毒副作用，而受试者血清低密度脂蛋白胆固醇（LDLC）氧化程度随虾青素剂量增加而逐渐下降，说明虾青素可以保护 LDLC 免受氧化。虾青素还可以增强哺乳动物肌肉的力量或耐力，且未发现副作用。美国 Aquasearch 公司做过系统的人体安全性试验，在 29 d 的试验期内，3 名健康成人分高（19.25 mg）、低（3.85 mg）两个剂量组服用雨生红球藻粉来补充虾青素，对受试者的体重、皮肤颜色、血压、近距离和远距离视力、理解力、眼睛健康状况、耳、鼻、喉、口、齿、胸、肺和反射反应，以及全面的血液和尿样进行分析，结果表明，口服富含天然虾青素的雨生红球藻粉对人体无任何致病效应或毒副作用。美国 FDA 和欧盟已允许天然虾青素作为人的膳食添加成分进入市场销售。在日本，雨生红球藻粉已经被批准作为天然食品色素和鱼饲料色素（崔宝霞，2008）。

在一项研究中，33 名健康的成年志愿者在 29 d 内服用了天然虾青素补充剂。每位受试者每日服用 3.85 mg 虾青素（低剂量）或 19.25 mg 虾青素（高剂量）。研究前、研究中、研究结束时，志愿者均接受了全面的体检，没有观察到服用虾青素补充剂的不良反应或毒性，说明在试验剂量下，雨生红球藻虾青素似乎不存在任何健康风险（Guerin et al.，2003）。

在虾青素的急性和亚慢性毒性试验中，大鼠口服的半数致死剂量（LD_{50}）的生物量大于 12 g/kg 体重。亚慢性研究中，Wistar 大鼠（每组雌雄各 10 只）饲喂占体重 0%、1%、5%、20%饲料 90 d。与对照组相比，虾青素对体重或体重增加没有显著影响。喂养的虾青素量不影响血液学参数。在高剂量组中，雌性和雄性的碱性磷酸酶略有升高，一些尿液参数发生变化，肾脏质量增加。在 10 只雌性大鼠中，有 5 只除了肾近端直小管中色素的边际增加外，组织病理学检查未发现不良反应。这些变化被认为没有毒理学意义。尽管高剂量组大鼠多摄入了约 9%的脂肪，但这一混杂因素不太可能显著改变结果。雄性和雌性大鼠体内富含虾青素的生物量未观察到不良反应的水平分别为 14.161 mg/(kg·d)和 17.076 mg/(kg·d)，试验最高剂量为 465 mg/(kg·d)和 557 mg/(kg·d)（Stewart et al.，2008）。

在评价虾青素对 6 周龄 SPF 大鼠的亚慢性毒性中，试验品（富含虾青素的天然提取物）悬浮于橄榄油中，每日口服 0 mg/kg（橄榄油）、250 mg/kg、500 mg/kg 或 1000 mg/kg，给药 13 周，每组由 10 只不同性别的动物组成。在详细的临床观察、操作试验、握力、运动活动、体重、饮食、眼、尿液分析、血液学、血液化学、器官质量、尸检或组织病理学检查中，未发生死亡，也未观察到与治疗有关的变化。在给药期间，所有处理组因排泄有色试样而产生暗红色粪便。基于这些结果得出结论，虾青素对雄性和雌性大鼠的未观察到不良反应的水平均为至少 1000 mg/(kg·d)（Katsumata et al.，2014）。

一项研究对合成(3S, 3′S)-虾青素对大鼠的亚慢性毒性展开了研究。将含有 20%(3S, 3′S)-虾青素的粉末配方通过饮食喂给 10 只雄性和 10 只雌性 Wistar 大鼠，浓度分别为 5000 ppm、15000 ppm 和 50000 ppm[①]，持续 13 周。一种成分相当但没有(3S, 3′S)-虾青素的配方，作为安慰剂对照。研究结果显示，合成(3S, 3′S)-虾青素对大鼠生存期、临床检查、临床病理、发情周期及精子等参数均无影响。在最终的尸检中，肉眼可见的胃肠内容物出现了棕色—蓝色的改变，但这被认为是次要的。终止时收集的组织中未发现其他显著或与剂量相关的异常。由此研究者认为，大鼠每天摄取用明胶包裹的(3S, 3′S)-虾青素达 700～920 mg/kg 体重，也没有不良反应（Buesen et al.，2015）。

---

① 1 ppm = 10^{-6}。

为了评价抗氧化剂虾青素的生理和心理影响，采用开放、无控制的方式研究了氧化应激响应。研究对象为 35 例健康绝经后妇女中选择的 20 例高氧化应激（二酮活性氧代谢物）妇女［（55.7±4.8）岁，体重指数 22.1±3.9］。研究对象口服虾青素（富士化学工业生产）8 周，每日 12 mg。抗衰老生活品质问卷、体征测量、血检/尿检、氧化应激试验、血管功能试验（心踝血管指数 CAVI；踝肱压指数 ABPI；指尖加速度脉波）。在研究开始前、开始后 4 周和 8 周分别进行血流介导的血管扩张（FMD）。结果显示，在虾青素为期 8 周的治疗后，在问卷调查中的 34 种常见身体症状中有 5 种症状得到了显著改善，包括疲劳的眼睛、僵硬的肩膀、便秘、花白的头发、寒冷的皮肤，以及 21 种精神症状中的 3 种精神症状得到改善，即日常生活不愉快、入睡困难、紧张的感觉。收缩压［（118.0±16.4）mmHg，基线 4.6%，统计检验 $P = 0.021$］和舒张压［（74.1±11.7）mmHg，基线 6.9%，$P = 0.001$］显著下降。在血管功能测试中，CAVI、指尖加速脉波、FMD 均无变化，ABPI 从基线时的 1.06±0.10 显著升高到第 8 周时的 1.10±0.06（+3.8%，$P = 0.030$）。氧化应激试验中，活性氧代谢物无变化，生物抗氧化能力（BAP）显著升高（+4.6%，$P = 0.030$）。生化检查天冬氨酸转氨酶（19.2%，$P = 0.044$）、乳酸脱氢酶（6.4%，$P = 0.006$）、糖化血红蛋白（3.2%，$P = 0.001$）显著改善。虽然促生长因子 IGF-I 和胰岛素没有变化，但脱氢表雄酮（15.1%，$P = 0.001$）、皮质醇（22.8%，$P = 0.002$）和脂联素（14.1%，$P = 0.003$）下降。结果显示，在研究期间或研究后均未发生严重不良事件，且虾青素具有增强抗氧化能力（增加 BAP）、降低下肢血管阻力（增加 ABI）、降低血压、改善机体症状的作用（Iwabayashi et al.，2009）。

二、安全剂量

虾青素与食物一起食用无副作用，是安全的。虾青素为脂溶性，在动物组织中积累，对大鼠无毒性作用。过量食用虾青素会导致动物皮肤出现黄色到红色的色素沉着。虾青素被加入鱼饲料中，导致鱼的皮肤变红。口服虾青素后，抗氧化酶如超氧化物歧化酶、过氧化氢酶、谷胱甘肽过氧化物酶水平显著升高。一项研究报道，通过分别喂食 50 mg/kg 虾青素 35 d 和 14 d，易中风大鼠和高血压大鼠的血压降低。虾青素对萘普生诱导的胃溃疡和胃窦溃疡具有显著的治疗作用，并能抑制胃黏膜的脂质过氧化反应。虾青素喂食大鼠后，观察到虾青素在眼部堆积。据报道，从 *Carotinifaciens*（一种红色的富含类胡萝卜素的细菌）提取的虾青素在小鼠模型中显示出潜在的抗氧化和抗溃疡特性。虾青素的生物利用度随脂质制剂的添加而增加。超治疗浓度虾青素对血小板、凝血和纤溶功能无不良影响。到目前为止，研究表明，食用虾青素对动物和人类没有明显的副作用。这些结果支持虾青素在未来临床研究中的安全性。虾青素（4～8 mg）与食品、软凝胶和胶囊、乳霜的结合产品在市场上有售。虾青素推荐剂量为 24 mg/d。一项研究报告称，采用单盲方法研究虾青素对成年男性的血液流变学的影响，成人受试者使用虾青素（6 mg/d）没有发现不良反应。关于虾青素用量对人体健康益处的研究见表 7-1（Ambati et al.，2014）。

表 7-1　虾青素用量对人体健康的益处

试验周期	研究对象	剂量/(mg/d)	虾青素的作用
2 周	志愿者	1.8、3.6、14.4 和 21.6	减少 LDL 氧化
3 天	中年男性志愿者	100	虾青素被 VLDL 乳糜微粒吸收
8 周	健康女性志愿者	0.2 和 8	降低等离子体 8-羟基-2-脱氧鸟苷和 CRP 水平
10 天	健康男性	6	改善血液的流动性
12 周	健康无抽烟史男性	8	降低了脂肪酸氧化
12 周	中年和老年人	12	有利于提高认知功能
12 周	中年和老年人	6	可以提高迷宫学习测试的分数
6~8 周	健康女性和男性	6	改善皮肤皱纹、角质细胞层、表皮和真皮
2 周	双眼白内障患者	6	改善眼房水超氧化物清除活性和降低过氧化氢酶活性

三、生物利用度

在一项临床试验中，为了评价不同的脂类配方作为商业食品补充剂对虾青素生物利用度的影响，32 名健康男性接受了单剂量的虾青素。三种脂类制剂均能提高虾青素的生物利用度，其中一种制剂的生物利用度提高了 3.7 倍。类胡萝卜素是脂溶性分子，吸收程度随膳食脂肪的吸收而变化。许多叶黄素，包括虾青素，主要以酯化形式存在（单酯和二酯），吸收前必须水解。从肠道到肠细胞的吸收过程被认为主要是一个被动过程，不涉及特殊的上皮转运蛋白。从基质中溶解和混入混合胶束是膜吸收前的两个重要步骤。在肠上皮细胞中，叶黄素与乳糜微粒结合，然后释放到淋巴系统，再进入体循环。不包含在乳糜微粒中的叶黄素被认为随着黏膜细胞的周转而返回到腔内。虾青素是一种从藻类中提取的食物补充剂。添加不同性质的油和/或表面活性剂可进一步提高虾青素的生物利用度。

通过形成乳糜微粒和增加淋巴的运输，也可增强虾青素的生物利用度。研究发现，用中链甘油三酯（MCT）乳剂处理后的 β-胡萝卜素被乳糜微粒包裹比例低于长链甘油三酯（LCT）乳剂处理。中链甘油三酯主要通过门静脉运输，不利于淋巴运输。长链甘油三酯联合给药可增强亲脂化合物的淋巴转运。综上所述，单剂量高的食品添加剂虾青素通过与各种成分的脂质配方的结合可以提高其相对生物利用度。含有大量的聚山梨酸酯 80 的配方，比商业参考配方提高了近 4 倍的生物利用度。虾青素的动力学可用半衰期为（15.9±5.3）h 单室模型描述。一次给予健康志愿者 40 mg 的高剂量，耐受性良好（Odeberg et al.，2003）。

第二节　含 量 检 测

一、薄层层析法

薄层层析法（thin layer chromatography，TLC）是一种微量而快速的层析方法。其原理是把吸附剂（如氧化铝或硅藻土）涂布于薄板上（玻璃或金属等）形成薄层，把要分析的样品溶液滴加到薄层的一端，然后在此薄层上用适当的溶剂进行展开。硅胶通常作为一种固相支持物，与水有较强的亲和力，而与有机溶剂的亲和力较弱。层析时吸附在硅胶上的水是固定相，而展开溶剂是流动相，当被分离的各种物质在固定相和流动相中分配系数不同时，即能被分离开，通常用比移值（R_f）来表征组分移动的特性。

采用 25%丙酮-75%正己烷作为展开剂进行薄层层析来分离雨生红球藻中的类胡萝卜素，得到 β-胡萝卜素、海胆酮、虾青素酯（6 条带）、角黄素、虾青素和叶黄素的色素带，R_f 分别是 0.99、0.87、0.55～0.85、0.44、0.33 和 0.25。将这些色素带分别剪下后用溶剂洗脱，洗脱后得到纯样品，用氮气吹干后得到纯品。

二、柱层析法

柱层析法（column chromatography）原理同薄层层析，只是将填料制成层析柱。通常使用硅胶（目数为 100～200 目）或氧化铝作为填料。已有研究结果表明，使用长度为 22.5 cm、直径为 30 mm 的硅胶填充柱纯化雨生红球藻中的虾青素，经流动相将色素过柱分离并洗脱下来，用 HPLC 结合示差折光检测，虾青素的纯度达 98%以上。

三、高效液相色谱法

目前最常用的色素分离分析纯化方法是高效液相色谱法（high-performance liquid chromatography，HPLC）。其仪器系统由储液器、泵、进样器、色谱柱、检测器、数据采集与处理系统等部分组成。其工作原理是组分基于在固定相（柱填料）和流动相（淋洗液）中分配系数的微小差异，在两相中做相对运动，经过反复多次的吸附-解吸的分配过程，样品中的各组分将形成不同的迁移速率的谱带而实现分离。目前已建立雨生红球藻中虾青素的反相 HPLC（reversed-phase HPLC，RP-HPLC）分离分析方法，采用二极管阵列检测器（DAD）在 476 nm 处进行检测，虾青素在 15 min 内得到了较好的分离，雨生红球藻中虾青素的总含量为 9.79～24.70 mg/L（黄水英，2008）。

选用对称 C_{18} 柱对产虾青素酯高产菌株色素提取物中的虾青素异构体和虾青素酯进行分离。虽然流动相中二氯甲烷、乙腈、甲醇和水的相对浓度对虾青素异构体和虾青素酯的保留行为及分离效果有显著影响，但流动相组成和梯度过程仍然适用于对称 C_{18} 柱上虾青素异构体和虾青素酯的分离。结果表明，虾青素酯可以在较短的时间内分离，反式虾青素、叶黄素、9-顺式虾青素和 13-顺式虾青素也可以较好地分离，β-胡萝卜素不能定量测定，但它可能是在虾青素酯完全水解后测定。在 663 nm 波长下测定叶绿素 a 含量，可以消除虾青素酯对叶绿素 a 测定的影响。由于低沸点（40℃），二氯甲烷容易在室温下挥发。含有二氯甲烷的流动相不应长时间存储，以防止流动相的二氯甲烷的相对含量降低，这可能使一些化合物的保留时间增加，尤其是 β-胡萝卜素（Yuan and Chen，2000）。

甲醇（75%）和二氯甲烷（25%）的混合物被认为是提取虾青素等类胡萝卜素的有效溶剂，以二氯甲烷、甲醇、乙腈和水的混合溶剂为流动相，采用液相色谱法，对雨生红球藻提取物中的类胡萝卜素和叶绿素进行了色谱分析。结果表明，二氯甲烷、甲醇、乙腈和水在流动相中的相对比例对类胡萝卜素和叶绿素的保留行为及分离效果有显著影响。水的存在可以通过增加类胡萝卜素和叶绿素的保留时间来改善它们的分离。而二氯甲烷的存在可以在不影响添加水对分离效果的前提下，将添加水产生的尾峰最小化，减少保留时间。甲醇和乙腈在流动相中的相对含量也能影响类胡萝卜素和叶绿素的分离。与虾青素酯相比，虾青素和叶黄素在商用 C_{18} 柱上的分离效果较差。因此，游离虾青素和叶黄素不易分离。通过提高水含量，调整甲醇和乙腈的比例，可以改善虾青素和叶黄素的分离效果。利用含有二氯甲烷（6.5%）、甲醇（82.0%）、乙腈（7.5%）和水（4.0%）的流动相分离虾青素反式异构体、叶黄素和虾青素顺式异构体。结果表明，提高水含量和降低二氯甲烷含量可以进一步提高反式虾青素等类胡萝卜素的分离性能，从反式虾青素的峰中分离出一种初步鉴定为金盏花红素的化合物，对反式虾青素的纯化具有重要意义。此外，在保持水和二氯甲烷含量不变的情况下，增加甲醇含量或降低流动相乙腈含量，可以促进反式虾青素、叶黄素和顺式虾青素的分离。乙腈含量越高，叶黄素和顺式虾青素的分离效果越差，但少量乙腈促进虾青素异构体的分离。采用含二氯甲烷（5.0%）、甲醇（85.0%）、乙腈（5.5%）和水（4.5%）的流动相（溶剂 A）对反式虾青素、叶黄素和顺式虾青素进行分离发现，利用这一流动相，虾青素酯和 β-胡萝卜素不能洗脱。因此，需要采用梯度洗脱法同时分离游离虾青素和虾青素酯。含二氯甲烷（22.0%）、甲醇（28.0%）、乙腈（45.5%）和水（4.5%）的流动相（溶剂 B）用于虾青素酯和 β-胡萝卜素的洗脱分离。采用高效液相色谱法收集虾青素酯各组分，室温氮气下皂化，高效液相色谱法分离。通过分析虾青素酯部分皂化产物中游离虾青素的异构体，对这些虾青素酯进行了鉴定。反式虾青素（480.0 nm）和反式虾青素酯（482.5 nm）最大吸光度的差异可能是由于检测它们的洗脱溶剂发生了变化。未皂化和皂化色素提取物中类胡萝卜素和叶绿素的测定结果显示，皂化过程中叶黄素、β-胡萝卜素和角黄素没有明显的损失或异构化。皂化提取，未发现叶绿素 a 和叶绿素 b，这表明叶绿素皂化期间完全退化。皂化色素提取物和皂化色素提取物中金盏花红素的含量分别为 0.24 mg/L 和 1.27 mg/L；也就是说，皂化过程中金盏花红素的含量增加，说明在雨生红球藻中也存在金盏花红素酯。从未皂化和皂化的提取物中分离出虾青素的 4 种异构体。通过光电二极管阵列检测，对虾青素异构体进行了光谱鉴别。利用最大波长处的吸收率/顺式峰处的吸收率（Q 比）对虾青素顺式异构体进行鉴定是有效的。第一个峰表示的异构体含量最丰富，与虾青素标准品分不开，确定为反式虾青素。波谱位移较大，顺式波峰（Q 比）为 4.97，较低的峰 4 被鉴定为 9-顺式虾青素。波谱位移较大，顺式波峰（Q 比）为 1.93，较高的峰 5 被鉴定为 13-顺式虾青素。在峰 5 和峰 6 之间有一个非常小的峰，波谱位移较大，顺式波峰（Q 比）为 1.55，代表一个中心顺式异构体，被鉴定为 15-顺式虾青素。峰 6 的光谱特征与全反式虾青素完全相同，初步确定为(3R, 3′R)-反式虾青素，是虾青素的三种光学异构体之一。没有在自然界中发现(3S, 3′R)-虾青素，雨生红球藻的主要构型异构体是(3S, 3′S)-虾青素。利用光电二极管阵列检测器，对洗脱过程中各峰的频谱进行实时识别，并检测了样品的峰纯度。将光谱与已发表的关于已知类胡萝卜素的数据进行比较，几乎可以完全识别类胡萝卜素。通过与虾青素峰面积的比较，测定了角黄素、棘皮酮、金盏花红素的浓度。虾青素的确切生物合成途径尚未完全阐明，但普遍认为 α-胡萝卜素是次生类胡萝卜素的前体。在蒲公英提取物中检测到的角黄素、海胆素和金盏花红素的结果支持了一个假设，即虾青素是由 α-胡萝卜素通过海胆素、角黄素和金盏花红素合成的。

在反式虾青素的纯化过程中，为了进一步提高纯化天然虾青素所必需的虾青素与金盏花红素的分离率，提高了水的含量，降低了二氯甲烷的含量。以 90%甲醇、8%水、2%二氯甲烷为洗脱溶剂，分离纯化皂化色素提取物中的虾青素，并进行了色谱分析。结果表明，半制备柱上的流动相能较好地分离反式虾青素和金盏花红素。虽然不能分离叶黄素和虾青素的顺式异构体，但这对纯化虾青素并不重要。采用二氯甲烷（25%）和甲醇（75%）的溶剂混合物，在反式虾青素纯化前对塔进行净化，并在反式虾青素洗脱收集后对其他化合物进行快速洗脱。采用半制备高效液相色谱法从反式虾青素馏分中提取含有反式虾青素的浓缩溶液，在反式虾青素馏分中依次加入 5 mL 二氯甲烷和 20 mL 蒸馏水，得到了 5 mL 左右含有反式虾青素的二氯甲烷溶液。脱去二氯甲烷后，得到纯化的天然反式虾青素，外观为细而暗的紫棕色粉末。纯化后的反式虾青素的色谱图如图 7-1 所示。结果表明，纯化后的反式虾青素中仍检出少量顺式虾青素，说明反式虾青素易异构为顺式异构体。采用该方法，从 1 g 雨生红球藻生物量中分离得到 3.7 mg 虾青素。纯化的天然虾青素中，反式虾青素含量约为 97.7%，顺式虾青素含量约为 1.1%，杂质含量约为 1.2%（Yuan and Chen，1998）。

采用等度洗脱方式，用 HPLC 分析测定了雨生红球藻中提取分离得到的类胡萝卜素和叶绿素，检测出了 5 个虾青素单酯分离峰，并计算出这 5 种虾青素单酯占总类胡萝卜素提取量的 79%（王凯，2016）。

HPLC 也用来分析不同来源的虾青素。图 7-1 所示是三种不同来源虾青素标准品的 HPLC 分析，从图中可以看出，雨生红球藻来源的虾青素中的异构体种类最多，出现了 5 个异构体的分离峰；红发夫酵母来源的虾青素出现了 3 个异构体的分离峰；人工合成的虾青素只出现 1 个峰，几乎没有异构体峰的存在。

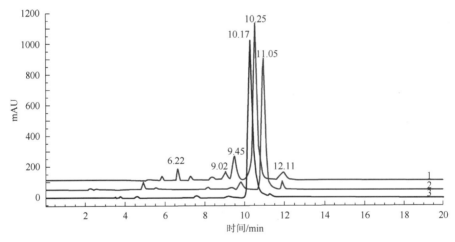

图 7-1　不同来源虾青素标准品的 HPLC 分析

1 为雨生红球藻来源；2 为红发夫酵母来源；3 为人工合成来源

四、高速逆流色谱

高速逆流色谱（high-speed counter-current chromatography，HSCCC）是 1981 年由日本 Yoichiro Ito 等在美国国立卫生研究院（NIH）研制开发的一种新型的液-液分配色谱分离制备技术，已用于生物化学、生物科学、化工有机合成、环境保护分析、食品分析以及天然产物研究等重要领域。HSCCC 利用两相溶剂体系在连续洗脱的过程中能大量保留固定相。由于不需要固体支撑体，物质的分离依据其在两相中分配系数的不同而实现，因而避免了因不可逆吸附而引起的样品损失、失活变性等，不仅使样品能够全部回收，回收的样品更能反映其本来的特性，特别适合于天然生物活性成分的分离。与传统的固-液色谱技术对比，HSCCC 具有适用范围广、操作灵活、高效快速、制备量大、费用低等优点。该方法已成功地应用于多种天然产物和分离分析。在虾青素的分离纯化领域，用正己烷-乙酸乙酯-乙醇-水（5∶5∶6.5∶3，*v/v*）作为两相溶剂体系，使用高速逆流色谱法从绿球藻中经过一步分离纯化，得到纯度为97%的虾青素。从极性上来看，由于两端的羟基和长链脂肪酸生成酯，虾青素酯的极性远远小于虾青素，两相溶剂体系的选择变得更加困难。因此，采用 HSCCC 法来分离制备虾青素酯的研究尚未见报道（王凯，2016）。

五、液相色谱-质谱法鉴定不同来源虾青素的异构体

液相色谱-质谱法（LC-MS）分析不同来源虾青素的分离峰和各个分离峰的分子量，结果如图 7-2～图 7-4 所示。从图 7-2 可以看出，其中主峰（12.10 min）质谱分析得到的质荷比（*m/z*）为 619.38，得出分子式 $C_{40}H_{52}O_4$，与虾青素一致；其余两个在 474 nm 处有吸收的分离峰（10.15 min 和 15.68 min）的主要离子峰 *m/z* 均为 619.38[M + Na]⁺，可以确定是虾青素的同分异构体。图 7-3 同样有主峰为[M + Na]⁺的峰，其余两个峰 *m/z* 均为 619.38，是虾青素的异构体峰。图 7-4 人工合成来源的虾青素只有一个色谱峰，*m/z* 为 619.38，是虾青素的离子峰。

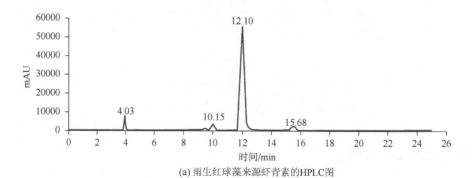

(a) 雨生红球藻来源虾青素的HPLC图

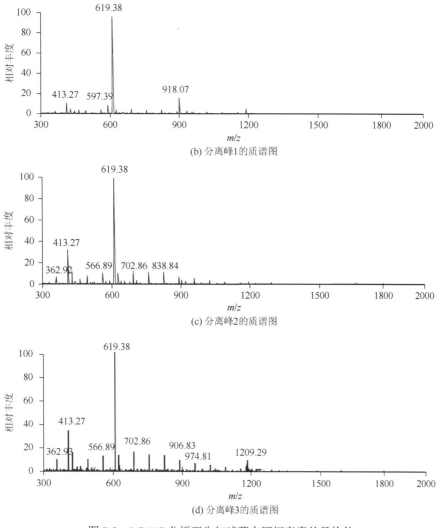

(b) 分离峰1的质谱图

(c) 分离峰2的质谱图

(d) 分离峰3的质谱图

图 7-2　LC-MS 分析雨生红球藻来源虾青素的异构体

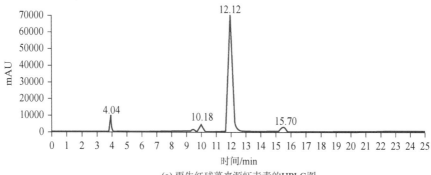

(a) 雨生红球藻来源虾青素的HPLC图

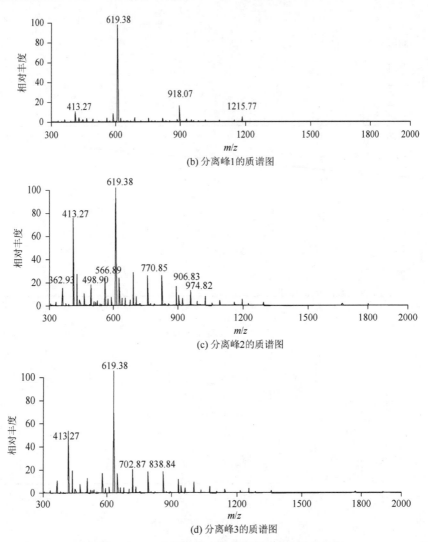

(b) 分离峰1的质谱图

(c) 分离峰2的质谱图

(d) 分离峰3的质谱图

图 7-3 LC-MS 分析红发夫酵母来源虾青素的异构体

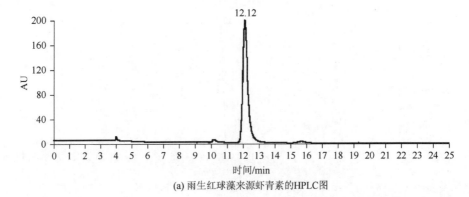

(a) 雨生红球藻来源虾青素的HPLC图

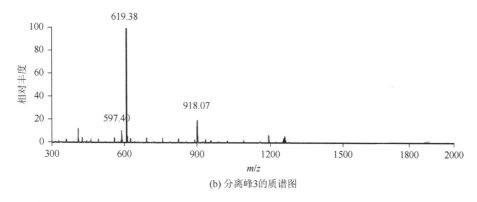

(b) 分离峰3的质谱图

图 7-4　LC-MS 分析人工合成来源虾青素的异构体

Breithau 等第一次使用 LC-大气压化学离子化（APCI）MS 负离子模式分析了商业化的雨生红球藻粉中的虾青素酯，定量分析得到了两种虾青素单酯，并且对其脂肪酸种类进行了鉴定。苗凤萍（2007）同样使用 LC-(APCI)MS 在正离子模式下，分析了雨生红球藻中的虾青素酯的种类和其组成脂肪酸的种类，检测到了 15 种虾青素单酯、12 种虾青素双酯、3 种虾红素单酯和其他 4 种类胡萝卜素（王凯，2016）。

第八章　虾青素相关产品的开发

虾青素自问世以来受到了科研工作者、生产商和消费者的青睐，在结合虾青素多种功能的基础上许多产品进入了市场，并受到了人们的欢迎。这些产品主要包括原料类、保健品类、化妆品类和水产养殖类，虽然虾青素在医药领域已开展了大量的研究工作并取得了一些进展，但几乎还未能作为产品在市场上销售。截至目前，国内外关于虾青素类产品的开发虽然已经具备了一定的规模（表 8-1），但从产品种类看，相对于其他产品的开发还相对滞后，尤其在市场占有率上很低，这也许与虾青素产品主要定位在高端市场有一定的关系。但也不可否认，虾青素的生产原料和生产过程需要较高的投入，而且对于天然虾青素的生产需要相对较高的技术和一定的生产规模，但是虾青素的产量却相对较低，这些因素在很大程度上导致许多企业难以进入这个行业。

表 8-1　部分国外公司生产的虾青素产品及用途（Ambati et al.，2014）

产品品牌	生产商	剂型	成分	作用
Physician Formulas	Physician formulas vitamin company	软胶囊、片剂	2 mg、4 mg 虾青素	抗氧化
Eyesight Rx	Physician formulas vitamin company	片剂	虾青素，维生素 C，植物提取物	保护视力
KriaXanthin	Physician formulas vitamin company	软胶囊	1.5 mg 虾青素，EPA，DHA	抗氧化
Astaxanthin Ultra	AOR	软胶囊	4 mg 虾青素	脑血管和胃肠健康
Astaxanthin Gold™	Nutrigold	软胶囊	4 mg 虾青素	保护眼睛、关节、皮肤，健康免疫
Best Astaxanthin	Bioastin	软胶囊	6 mg 虾青素，角黄素	保护细胞膜/血液流动
Dr. Mercola	Dr. Mercola premium supplements	胶囊	4 mg 虾青素，325 mg ω-3 α-亚麻酸	抗衰老，保护肌肉
Solgar	Solgar global manufacture	软胶囊	5 mg 虾青素	皮肤健康
Astavita ex	Fuji Chemical Industry	胶囊	8 mg 虾青素，生育三烯酚	抗衰老
Astavita SPORT	Fuji Chemical Industry	胶囊	9 mg 虾青素，生育三烯酚，锌	运动营养
AstaReal	Fuji Chemical Industry	油剂、粉剂、水溶性藻粉	虾青素	抗氧化，提升免疫力
AstaTROL	Fuji Chemical Industry	油剂	虾青素	抗氧化

续表

产品品牌	生产商	剂型	成分	作用
AstaFX	Purity and products evidence based nutritional supplements	胶囊	虾青素	保护皮肤、心血管
Pure Encapsulations	Synergistic nutrition	胶囊	虾青素	抗氧化
Zanthin Xp-3	Valensa	软胶囊/胶囊	2 mg、4 mg 虾青素	增强体力和耐力
Micro Algae Super Food	Anumed intel biomed company	软胶囊	4 mg 虾青素	保护心脏、眼睛、关节

第一节　原　料　类

以下是在网络上查询到的在销售的部分虾青素原料产品（表 8-2）。

表 8-2　虾青素原料产品（部分）

产品	描述及用途
	描述：树脂提取雨生红球藻虾青素油，采用无溶剂的超临界 CO_2 技术，含维生素 E、迷迭香萃取物和标准化的高油酸葵花籽油 用途：生产软性明胶胶囊及外用油性化妆品
	描述：纯天然微藻粉，破壁的雨生红球藻，含 5% 的虾青素，以及 D-α-生育酚和迷迭香提取物 用途：软硬胶囊

第二节　保　健　类

由于虾青素是脂溶性维生素，所以当前市场上主要销售的虾青素产品多被加工成胶囊或以油剂护肤品的形式出现。而且，由于天然来源的雨生红球藻孢子粉具有坚厚的囊壳，如不经过破壁处理，其中的虾青素很难被人体消化和吸收。同样，以此制成的其他虾青素产品也需要对藻粉进行预处理，从而有效提高虾青素的产品功效。为此，部分生产商不断寻求新技术对虾青素进行改性，如采用喷涂技术通过添加淀粉等物质对其进行包埋，从而使其具有良好的吸湿性、溶解性和稳定性，产品形态也由油剂软胶囊改变为水溶性粉剂，使虾青素更容易被吸收，其应用范围被有效地扩大。食用人群范围有效拓宽，如素食主义者对胶囊制剂的抵触得到了极大的改善，产品剂型也从胶囊扩大到糖果、咀嚼片、固体饮料、液体饮料等，实现了虾青素产品发展的多元化。而且，消费者使用这些产品能够即时通过消化道的黏膜直接进入血液与淋巴中，有效提升了虾青素的利用效率（杨宗鑫，2015）。表 8-3列出的是在网络上查询到的在销售的部分虾青素保健类产品。

表 8-3　虾青素保健类产品（部分）

产品	描述
	• 有机天然虾青素帮助保护身体免受自由基的伤害，并有助于免疫系统的功能健康 • 也可能有助于减少低密度脂蛋白胆固醇的氧化，保持健康的高密度脂蛋白：低密度脂蛋白比例
	• 来源于雨生红球藻的虾青素，是一种强大的抗氧化剂，在体内发挥作用，帮助对抗破坏细胞的自由基 • 它也是类胡萝卜素家族的一员，有助于皮肤健康
	• 保护 DNA 和细胞 • 膳食补充剂 • 非转基因
	• 自然来源，有利于关节、皮肤和眼睛的健康 • 有助于大脑健康，运动后的恢复，阳光照射下的皮肤保护和增强免疫功能 • 有助于从剧烈运动或体力活动中快速恢复或减少氧化应激导致的疼痛和僵硬感 • 在相对抗氧化活性方面，它比维生素 E 强 100 倍，比辅酶 Q_{10} 强 800 倍 • 原料来源于夏威夷科纳自然生长
	• 含有虾青素增强形式的虾青素珠，抗氧化 • 来源于纯天然的雨生红球藻 • 不含硬脂酸镁和二氧化硅，无麸质，无果糖，无明胶，无酵母，素食 • 唯一使用的添加剂或辅料是纤维素 • 纯度高，特别适于敏感和有过敏史的人群 • 无防结块剂、甜味剂、色素、增稠剂、稳定剂或其他添加剂

续表

产品	描述
	• 含有优质的虾青素源。产品采用的虾青素是从雨生红球藻中提取的，在封闭的管状环境保护系统中生产，采用超临界二氧化碳技术提取 • 用于生产虾青素的创新技术能提供高浓缩、高标准化的虾青素，最高可达 20%。虾青素是世界上最有效的抗氧化剂，有助于细胞能量产生和免疫系统的健康 • 有助于维持健康的氧化平衡，维持身体健康和活力。它也可以进入眼睛，为视网膜提供抗氧化剂支持，帮助维持健康的视力 • 虾青素通过细胞抗氧化保护，有助于抗衰老。它还可以帮助皮肤形成对有害紫外线的自然防御 • 产于英国，符合良好操作规范（GMP）和 ISO 9001 质量认证。使用最优质、最纯净的原材料
	• 虾青素已经被证明具有强大的抗氧化和抗炎能力，经常被推荐用于保护皮肤和眼睛的健康。它还有助于保护细胞和神经免受伤害 • 天然虾青素，虾青素补充剂含有来自天然雨生红球藻的 12 mg 剂量的虾青素 • 该虾青素产品完全不含人工防腐剂、香料和色素，它仅是一个纯粹的虾青素补充剂，也不含糖、淀粉、牛奶、乳糖、麸质、小麦、酵母和钠 • 产品是按照 GMP 生产的，GMP 是世界上最高的标准之一
	• 产品中的虾青素来源于植物，该植物原产于冰岛海岸附近未受污染的水域，生长条件最理想 • 冰岛超干净的空气：在所有经济合作与发展组织国家中，冰岛的空气最干净 • 纯净的冰岛冰川水的原始生态系统为这种抗氧化剂的生成提供了精致的生长条件 • 二氧化碳中性生产：使用可持续的中性二氧化碳和最先进的培养方法培养与收获 • 最高生物利用度：拥有高的稳定性和极高的生物利用度 • 纯：不含乳糖，不含麸质，不含人工香料，不含防腐剂，不含人工色素 • 在德国生产，提供最优质的德国品质
	• 德国质量 • 日剂量：每天 2 粒，含虾青素小珠 633 mg，其中虾青素 15 mg。微胶囊防止氧化 • 不含：麸质、果糖、硬脂酸镁、防腐剂、酵母、大豆、杀虫剂、杀菌剂、化肥、染料、稳定剂和基因工程物质（非转基因） • 虾青素胶囊，比粉末和液体更有效 • 微生物纯度：按照危害分析和关键控制点（HACCP）质量体系生产，使用优质原料。生产前对所有原料进行农药和重金属分析
	• 天然植物配方，安全健康。选用夏威夷天然虾青素，从无污染的雨生红球藻中提取，更安全有效。从各种纯天然植物中提取的其他配方，也是安全且无刺激性的 • 活性强，易吸收。采用最新技术突破雨生红球藻细胞壁，最大限度释放虾青素，游离状态的虾青素更容易被吸收。先进的超低温萃取工艺和 CO_2 超临界萃取法提取，具有最强的活性 • 含量高，每粒软凝胶中虾青素含量为 15 mg，等于 2 kg 一级三文鱼中的虾青素含量，服用方便，效果更佳 • 双管齐下，加倍修复被自由基破坏的细胞，防止健康细胞和 DNA 中存在过多的自由基，为细胞创造安全健康的环境 • 配方复杂，保护更全面。独特的抗氧化剂配方，配合虾青素、天然维生素 E、原花色素低聚物（OPC-7）、ω-3 脂肪酸、儿茶素、维生素 C 等多种成分，使大脑、心脏和全身细胞免受自由基的伤害

产品	描述
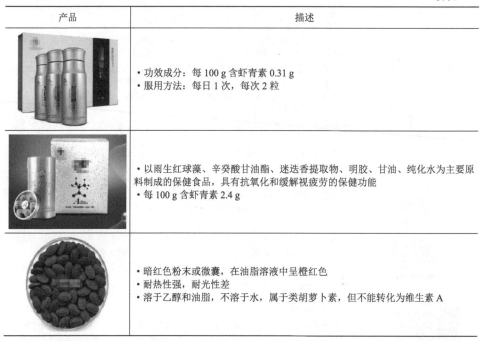	• 功效成分：每 100 g 含虾青素 0.31 g • 服用方法：每日 1 次，每次 2 粒
	• 以雨生红球藻、辛癸酸甘油酯、迷迭香提取物、明胶、甘油、纯化水为主要原料制成的保健食品，具有抗氧化和缓解视疲劳的保健功能 • 每 100 g 含虾青素 2.4 g
	• 暗红色粉末或微囊，在油脂溶液中呈橙红色 • 耐热性强，耐光性差 • 溶于乙醇和油脂，不溶于水，属于类胡萝卜素，但不能转化为维生素 A

第三节　化妆品类

以下是在网络上查询到的在销售的部分虾青素化妆品类产品（表 8-4）。

表 8-4　虾青素化妆品类产品（部分）

产品	描述
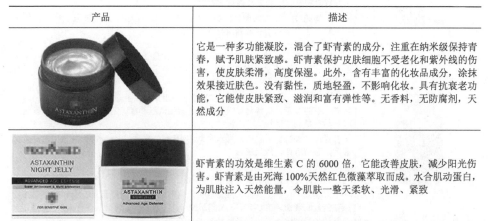	它是一种多功能凝胶，混合了虾青素的成分，注重在纳米级保持青春，赋予肌肤紧致感。虾青素保护皮肤细胞不受老化和紫外线的伤害，使皮肤柔滑，高度保湿。此外，含有丰富的化妆品成分，涂抹效果接近肤色。没有黏性，质地轻盈，不影响化妆。具有抗衰老功能，它能使皮肤紧致、滋润和富有弹性等。无香料，无防腐剂，天然成分
	虾青素的功效是维生素 C 的 6000 倍，它能改善皮肤，减少阳光伤害。虾青素是由死海 100% 天然红色微藻萃取而成。水合肌动蛋白，为肌肤注入天然能量，令肌肤一整天柔软、光滑、紧致

续表

产品	描述
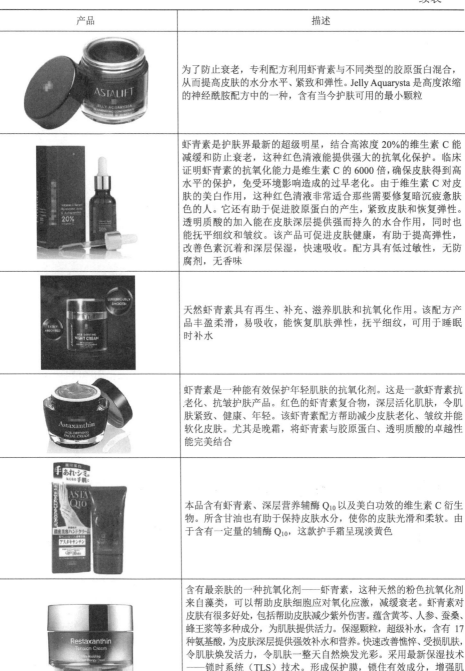	为了防止衰老，专利配方利用虾青素与不同类型的胶原蛋白混合，从而提高皮肤的水分水平、紧致和弹性。Jelly Aquarysta 是高度浓缩的神经酰胺配方中的一种，含有当今护肤可用的最小颗粒
	虾青素是护肤界最新的超级明星，结合高浓度 20%的维生素 C 能减缓和防止衰老，这种红色清液能提供强大的抗氧化保护。临床证明虾青素的抗氧化能力是维生素 C 的 6000 倍，确保皮肤得到高水平的保护，免受环境影响造成的过早老化。由于维生素 C 对皮肤的美白作用，这种红色清液非常适合那些需要修复暗沉疲惫肤色的人。它还有助于促进胶原蛋白的产生，紧致皮肤和恢复弹性。透明质酸的加入能在皮肤深层提供强而持久的水合作用，同时也能抚平细纹和皱纹。该产品可促进皮肤健康，有助于提高弹性，改善色素沉着和深层保湿，快速吸收。配方具有低过敏性，无防腐剂，无香味
	天然虾青素具有再生、补充、滋养肌肤和抗氧化作用。该配方产品丰盈柔滑，易吸收，能恢复肌肤弹性，抚平细纹，可用于睡眠时补水
	虾青素是一种能有效保护年轻肌肤的抗氧化剂。这是一款虾青素抗老化、抗皱护肤产品。红色的虾青素复合物，深层活化肌肤，令肌肤紧致、健康、年轻。该虾青素配方帮助减少皮肤老化、皱纹并能软化皮肤。尤其是晚霜，将虾青素与胶原蛋白、透明质酸的卓越性能完美结合
	本品含有虾青素、深层营养辅酶 Q_{10} 以及美白功效的维生素 C 衍生物。所含甘油也有助于保持皮肤水分，使你的皮肤光滑和柔软。由于含有一定量的辅酶 Q_{10}，这款护手霜呈现淡黄色
	含有最亲肤的一种抗氧化剂——虾青，这种天然的粉色抗氧化剂来自藻类，可以帮助皮肤细胞应对氧化应激，减缓衰老。虾青素对皮肤有很多好处，包括帮助皮肤减少紫外伤害。蕴含黄芩、人参、蚕桑、蜂王浆等多种成分，为肌肤提供活力。保湿颗粒，超级补水，含有 17 种氨基酸，为皮肤深层提供强效补水和营养。快速改善憔悴、受损肌肤，令肌肤焕发活力，令肌肤一整天自然焕发光彩。采用最新保湿技术——锁时系统（TLS）技术。形成保护膜，锁住有效成分，增强肌肤含水量。这款抗衰老滋养霜，帮助改善皱纹、弹性、亮白、活力、肌肤纹理，使肌肤活力增强、肌肤屏障效应提升

产品	描述
	面部乳液含有天然虾青素。专利配方，让虾青素渗透到皮肤，促进皮肤的自然再生过程。日常皮肤护理中使用以保持皮肤健康、年轻，帮助皮肤进行自然内部更新过程
	虾青素是一种有效的抗氧化剂，可以防止脂质过氧化和氧化损伤，同时还具有抗炎作用。虾青素能用于眼乳液和三肽眼霜中

第四节　饲　料　类

虾青素主要应用于饲料工业，可用作鲍鱼、鲟鱼、鲑鱼、虹鳟鱼、海鲷、甲壳类动物及观赏鱼类和各种禽类、生猪的饲料添加剂。

一、水产养殖

1. 大麻哈鱼

虾青素可以使大麻哈鱼类的肉保持粉红色，如果是人工养殖的鱼类则必须在饵料中添加一定含量的虾青素，鱼肉才会保持鲜艳的颜色。而且调查还显示，消费者更倾向于呈现天然红色的种类。但是，美国 FDA 通过研究得出的结论也表明，由于野生的大麻哈鱼中主要含有（3S, 3'S）异构体，而添加到饵料中的合成虾青素既含有（3S, 3'S）异构体又含有（3R, 3'S）异构体，人工饲养的大麻哈鱼并不能把饵料中的（3R, 3'S）异构体转化成（3S, 3'S）异构体，所以野生的大麻哈鱼或虹鳟鱼与人工饲养的产品可以通过分析其虾青素的组成来进行区分。

很多研究表明，除了增加或保持鱼肉的颜色，虾青素对养殖鱼类的健康及产量也具有提高作用。对于一些种类，特别是大麻哈鱼，虾青素可以使其保持正常的生长以及提高成活率。目前天然虾青素最有潜力的市场是作为大麻哈鱼类的饵料添加剂，而大麻哈鱼不断增加的产量也同样拉动了对虾青素市场的需求。大麻哈鱼由于摄入和积累虾青素而使鱼肉呈现鲜艳的红色。2000年，在挪威进行的一项研究表明，大西洋大麻哈鱼鱼苗的生长和存活率与饵料中的虾青素含量具有密切关系，如果饵料中的虾青素大于 5.3 mg/kg，则鱼苗不能正常生长；而当虾青素为 5.3 mg/kg 时，则鱼苗不仅保持正常的生长，而且脂类的含量也有明显的提高；如果虾青素为 1 mg/kg，则存活率显著下降，仅为 20%，而对照的存活率为 90%。因此研究人员认为，在这些种类中，虾青素可能具有维生素 A 的活性。虾青素对一些不能吸收其他类胡萝卜素的养殖鱼类尤为重要，研究表明，为了保持养殖种类的正常生理功能和肉的鲜艳的颜色，虾青素作为一种基本的营养元素在饵料中至少应保持在 5 mg/kg。

2. 海鲷鱼

海鲷鱼类如果皮肤上呈现鲜艳的红色往往售价很高。研究证明，这种鲜艳的颜色主要由虾青素引起，如果降低饵料中虾青素的含量，则颜色明显变淡。试验证明，如果在饵料中添加其他类胡萝卜素，如胡萝卜素、玉米黄质、叶黄素以及角黄素，对皮肤颜色并没有明显的改善作用，随后由于虾青素摄入不足，而海鲷鱼本身也不能把其他类胡萝卜素转化成虾青素，而原来的颜色由于新陈代谢作用和分泌，皮肤上的红色慢慢消失。同时试验还证明，以虾青素酯类形式存在的虾青素比游离的虾青素分子更容易吸收。

二、观赏鱼类

热带观赏鱼所呈现的鲜艳的色彩正是由于鱼类本身含有类胡萝卜素。而这些颜色不仅是种类鉴定的关键因素以及交配的信号，同时在鱼类的生理上也具有至关重要的作用，自然界的热带观赏鱼一般从藻类、珊瑚以及其他含有类胡萝卜素的食物中摄取类胡萝卜素。

目前在热带鱼行业中面临的最大挑战是如何保持它们在自然界中的天然鲜艳的色彩，许多企业虽然在热带鱼的育苗方面取得了巨大的成功，但由于不能在市场上出售时保持热带鱼的本来色彩而最终失败。因此人们对此进行了大量的研究，最后得出的结论是在喂养过程中要在饵料中添加虾青素，特别是来源于富含虾青素的红球藻。

研究表明，在大规模生产中，如果在饵料中添加 30 mg/kg 的虾青素即可使大多数种类的色泽有明显改善。最近发表的一项研究中，在一些观赏鱼的饵料中添加 100 mg/kg 虾青素，经过一周以后，大部分种类皮肤颜色明显改善，而在一些种类中，甚至生长速度也明显加快。尽管在试验中虾青素的添加量偏高，但大部分企业都倾向于在出售之前采用此种方式，迅速改善观赏鱼的颜色。

　　从图 8-1 可以看出，饲料中添加 400 mg/kg 的虾青素能使血鹦鹉鳞片、皮肤中的虾青素、总类胡萝卜素含量增加，随着时间的延长，与对照组相比，着色效果十分显著。在关于虾青素的着色效果方面，国内外学者研究结果较为一致。通过喂食添加虾青素的饲料对花玛丽鱼的着色情况进行研究，结果发现随着时间的延长，花玛丽鱼鱼体总类胡萝卜素的含量逐渐增加，喂食添加雨生红球藻的饲料能使金鱼获得最佳的红色色度（黄水英，2008）。

(a) 试验前鱼体色
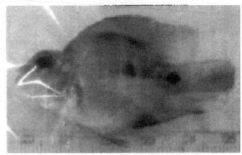
(b) 对照组70 d后鱼体色
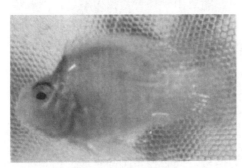
(c) 试验组50 d后鱼体色
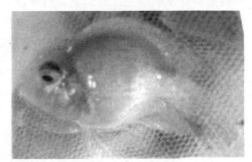
(d) 试验组70 d后鱼体色

图 8-1　雨生红球藻来源的虾青素对血鹦鹉的着色效果

三、其他养殖行业

　　除水产养殖和观赏鱼的养殖外，虾青素在其他养殖行业也有重要应用，例如，在家禽的饲料中添加含有虾青素的红球藻粉，可以使蛋黄的颜色明显变红。在一项研究中发现，在鸡的饲料中添加天然的虾青素，不但鸡各种组织中虾青素含量明显得到提高，鸡的外观颜色得到改善，而且鸡蛋的孵化率也有明显提高。同样，如果对虾饵料中缺乏虾青素，则会引起蓝色综合征，如果在饵料中补充 50 mg/kg 的虾青素，4 周后，患病的对虾症状便消失。分析显示，对虾组织中虾青素含量提高 3 倍。目前已有许多国家批准了虾青素可以作为饲料添加剂（高清潭和崔志强，2004）。

以下是在网络上查询到的在销售的部分虾青素饲料类产品（图 8-2）。

图 8-2 虾青素饲料类产品（部分）

参 考 文 献

蔡明刚, 王杉霖. 2003. 利用雨生红球藻生产虾青素的研究进展. 应用海洋学学报, 22: 537-544.

陈晋明, 王世平, 马俪珍, 等. 2007. 虾青素抗氧化活性研究. 营养学报, 2: 65-67.

陈书秀, 梁英. 2009. 光照强度对雨生红球藻叶绿素荧光特性及虾青素含量的影响. 南方水产科学, 5: 1-8.

崔宝霞. 2008. 雨生红球藻 712 株生产虾青素研究. 武汉工业学院硕士学位论文.

丁纯梅, 陶庭先. 1995. 龙虾虾壳的综合利用(Ⅰ)——虾壳红色素的提取及其性质研究. 化学世界, 8: 444-445.

董庆霖, 赵学明, 邢向英, 等. 2007. 盐胁迫诱导雨生红球藻合成虾青素的机理. 化学工程, 35: 45-47.

董庆霖. 2004. 利用雨生红球藻和红发夫酵母代谢过程中的协同效应提高虾青素产量. 天津大学博士学位论文.

杜春霖. 2009. 喇蛄(大头虾)壳虾青素提取工艺研究. 江苏农业科学, 2: 225-227.

杜云建, 陈卿. 2010. 稀碱法提取虾壳中虾青素的工艺条件研究. 食品与机械, 4: 112-114.

樊生华. 2005. 超级维生素 E——虾青素. 中国科技信息, 21: 52.

干昭波. 2014. 虾青素的性质、生产及发展前景. 食品工业科技, 35: 38-40.

高清潭, 崔志强. 2004. 虾青素的应用及其商业化生产. 盐业与化工, 33(6): 33-37.

顾洪玲, 管斌, 孔青, 等. 2014. LED 灯的光照对雨生红球藻细胞生长及虾青素积累的影响. 海洋湖沼通报, 2: 45-50.

郭文晶, 张守勤, 张格. 2008. 超高压提取雨生红球藻中虾青素的工艺优化. 农业机械学报, 39: 201-203.

郭艳, 车茜, 刘科亮. 2016. 雨生红球藻软胶囊对小鼠的增强免疫力功能实验研究. 食品与发酵科技, 52: 33-36.

侯冬梅. 2014. 雨生红球藻高产虾青素的光诱导工艺研究. 华东理工大学硕士学位论文.

黄水英. 2008. 雨生红球藻的培养及其虾青素的提取、稳定性和应用研究. 厦门大学硕士学位论文.

黄永春, 李琳, 郭祀远, 等. 2003. 木瓜蛋白酶对壳聚糖的降解特性. 华南理工大学学报(自然科学版), 31: 71-75.

季晓敏, 王亚男, 徐嘉杰, 等. 2014. 扫描电镜和响应面优化雨生红球藻破壁萃取虾青素的工艺研究. 核农学报, 28(6): 1052-1061.

姜淼, 杨贤庆, 李来好, 等. 2011. 内源酶辅助提取虾壳虾青素的研究. 南方水产科学, 7: 55-60.

蒋霞敏, 柳敏海, 沈芝叶. 2005. 温度、光照与盐度对雨生红球藻诱变株虾青素累积的调控. 中国水产科学, 12: 714-719.

李浩明, 高蓝. 2003. 虾青素的结构、功能与应用. 精细化工, 20: 32-37.

李婷, 韩丽君, 袁毅. 2012. 不同有机溶剂对雨生红球藻中虾青素提取成分的影响. 海洋科学, 36: 34-38.

李婷. 2011. 雨生红球藻中虾青素的提取及抗氧化活性研究. 中国科学院研究生院硕士学位论文.

梁新乐, 岑沛霖. 2000. 法夫酵母生物合成虾青素的研究. 天然产物研究与开发, 12: 13-17.

梁新乐. 2001. 法夫酵母生物合成虾青素的研究. 浙江大学博士学位论文.

廖兴辉. 2014. 高产虾青素的雨生红球藻胁迫条件及中试研究. 福建师范大学硕士学位论文.

刘晓娟, 伍颖华, 何凤林, 等. 2012. 响应面法优化雨生红球藻中虾青素的提取条件. 食品科技, 2: 233-238.

龙昇辉, 刘景林, 许良. 2013. 虾青素的化学合成法概述. 吉首大学学报(自科版), 34: 71-75.

苗凤萍. 2007. 雨生红球藻(*Haematococcus pluvialis*)虾青素酯和脂肪酸的鉴定及差异表达基因的分析. 中国科学院研究生院(武汉植物园)博士学位论文.

皮士卿, 陈新志, 胡四平, 等. 2007. 虾青素的合成. 有机化学, 27: 1126-1129.

王凯. 2016. 雨生红球藻虾青素酯的纯化、活性研究及不同虾青素的鉴定. 集美大学硕士学位论文.

王丽丽, 李惠咏, 龚一富. 2010. 花生四烯酸对雨生红球藻细胞生长和虾青素含量的影响. 水产科学, 29: 142-146.

王娜, 林祥志, 马瑞娟, 等. 2013. IPP 异构酶基因遗传转化对雨生红球藻(*Haematococcus pluvialis*)虾青素含量的影响. 海洋与湖沼, 44: 1033-1041.

王鑫威, 王丽丽, 龚一富, 等. 2011. 茉莉酸甲酯对雨生红球藻虾青素含量和 *dxs* 基因表达的影响. 水产学报, 35: 1822-1828.

王永红, 李元广, 施定基, 等. 2001. 封闭式光生物反应器集胞藻 6803 光自养和混合营养培养比较. 华东理工大学学报(自然科学版), 27: 247-250.

吴彩娟. 2003. 天然虾青素提取和纯化工艺研究. 浙江大学硕士学位论文.

吴电云, 邹宁, 高维锡, 等. 2011. 平板光生物反应器光径对金藻生长及有机物质积累的影响. 安徽农业科学, 39: 5229-5230.

吴良柏, 李震, 宋耀祖. 2010. 螺旋管式光生物反应器的研究. 工程热物理学报, 31: 1375-1378.

徐健. 2016. 雨生红球藻中虾青素的提取及虾青素对皮肤细胞损伤的保护作用. 浙江大学硕士学位论文.

许波, 王长海. 2003. 微藻的平板式光生物反应器高密度培养. 中外食品加工技术, 1: 36-40.

杨宗鑫. 2015. 最新一代生物抗氧化剂——虾青素的市场前景. 食品开发, 6: 42.

佚名. 2017. Report suggests astaxanthin market @ \$2.57 billion by 2025. http://www.algaeindustry-magazine.com/report-suggests-astaxanthin-market-2-57-billion-2025/[2018-12-10].

殷明焱, 刘建国. 1998. 雨生红球藻和虾青素研究述评. 海洋湖沼通报, 38(2): 53-62.

于晓. 2013. 南极大磷虾(*Euphausia superba*)虾青素制备与理化性质的研究. 中国海洋大学硕士学位论文.

岳丽宏, 郝欣欣. 2012. 平板式光生物反应器内有效光分布研究. 青岛理工大学学报, 33: 9-13.

张丽瑶, 张华敏, 王志祥, 等. 2018. 光照、加热对虾青素稳定性和抗氧化性的影响. 药学研究, 37: 84-87.

张睿钦, 管斌, 孔青, 等. 2011. 雨生红球藻异养转化产虾青素的条件研究. 浙江大学学报(农业与生命科学版), 37: 624-630.

张文铎. 2014. 雨生红球藻的贴壁培养及诱导其虾青素的合成. 青岛科技大学硕士学位论文.

张晓丽, 刘建国. 2006. 虾青素的抗氧化性及其在营养和医药应用方面的研究. 食品科学, 27: 258-262.

张晓燕. 2013. 南极磷虾壳中虾青素提取纯化与纳米包载. 中国海洋大学硕士学位论文.

张言, 高定烽, 莫镜池, 等. 2019. 超声-低温双水相提取雨生红球藻中的虾青素. 食品工业, 40: 35-38.

赵晓燕, 朱海涛, 毕玉平, 等. 2016. 雨生红球藻中虾青素的研究进展. 食品研究与开发, 37: 191-195.

赵仪, 陈兴才. 2006. 木瓜蛋白酶在虾仁加工废弃物中提取虾青素的应用. 福州大学学报(自然科学版), 34: 146-150.

周锦珂, 李金华, 葛发欢, 等. 2008. 酶法提取雨生红球藻中虾青素的新工艺研究. 中药材, 31: 1423-1425.

Aflalo C, Meshulam Y, Zarka A, et al. 2007. On the relative efficiency of two-vs. one-stage production of astaxanthin by the green alga *Haematococcus pluvialis*. Biotechnology and Bioengineering, 98: 300-305.

Akyön Y. 2002. Effect of antioxidants on the immune response of *Helicobacter pylori*. Clinical Microbiology and Infection, 8: 438-441.

Ambati R R, Phang S M, Ravi S, et al. 2014. Astaxanthin: sources, extraction, stability, biological activities and its commercial applications–a review. Mar Drugs, 12: 128-152.

Anarjan N, Tan C P. 2013. Effects of storage temperature, atmosphere and light on chemical stability of astaxanthin nanodispersions. Journal of the American Oil Chemists' Society, 90: 1223-1227.

Aoi W, Naito Y, Sakuma K, et al. 2003. Astaxanthin limits exercise-induced skeletal and cardiac muscle damage in mice. Antioxidants and Redox Signaling, 5: 139-144.

Armstrong G A, Alberti M, Hearst J E. 1990. Conserved enzymes mediate the early reactions of carotenoid biosynthesis in nonphotosynthetic and photosynthetic prokaryotes. Proceedings of the National Academy of Sciences of the United States of America, 87: 9975-9979.

Augusti P R, Conterato G M, Somacal S, et al. 2008. Effect of astaxanthin on kidney function impairment and oxidative stress induced by mercuric chloride in rats. Food and Chemical Toxicology, 46: 212-219.

Bagchi D, Garg A, Krohn R, et al. 1997. Oxygen free radical scavenging abilities of vitamins C and E, and a grape seed proanthocyanidin extract *in vitro*. Research Communications in Molecular Pathology and Pharmacology, 95: 179-189.

Bidigare R R, Ondrusek M E, Kennicutt M C, et al. 2006. Evidence a photoprotective for secondary carotenoids of snow algae. Journal of Phycology, 29: 427-434.

Boussiba S, Bing W, Yuan J P, et al. 1999. Changes in pigments profile in the green alga *Haeamtococcus pluvialis* exposed to environmental stresses. Biotechnology Letters, 21: 601-604.

Boussiba S, Fan L, Vonshak A. 1992. Enhancement and determination of astaxanthin accumulation in green alga *Haematococcus pluvialis*. Methods in Enzymology, 213: 386-391.

Boussiba S, Vonshak A. 1991. Astaxanthin accumulation in the green alga *Haematococcus pluvialis*. Plant and cell Physiology, 32: 1077-1082.

Buesen R, Schulte S, Strauss V, et al. 2015. Safety assessment of [3*S*, 3'*S*]-astaxanthin–subchronic toxicity study in rats. Food and Chemical Toxicology, 81: 129-136.

Chen C Y, Bai M D, Chang J S. 2013. Improving microalgal oil collecting efficiency by pretreating the microalgal cell wall with destructive bacteria. Biochemical Engineering Journal, 81: 170-176.

Chen H M, Meyers S P. 1982. Extraction of astaxanthin plgment from crawfish waste using a soy oil process. Journal of Food Science, 47: 892-896.

Choi Y E, Yun Y S, Park J M, et al. 2011. Multistage operation of airlift photobioreactor for increased production of astaxanthin from *Haematococcus pluvialis*. Journal of Microbiology & Biotechnology, 21: 1081-1087.

Chou H Y, Ma D L, Leung C H, et al. 2020. Purified astaxanthin from *Haematococcus pluvialis* promotes tissue regeneration by reducing oxidative stress and the secretion of collagen *in vitro* and *in vivo*. Oxidative Medicine and Cellular Longevity. https://doi.org/10.1155/2020/4946902.

Cifuentes A S, González M A, Silvia V, et al. 2003. Optimization of biomass, total carotenoids and astaxanthin production in *Haematococcus pluvialis* Flotow strain Steptoe(Nevada, USA)under laboratory conditions. Biological Research, 36: 343-357.

Cordero B, Otero A, Patiño M, et al. 1996. Astaxanthin production from the green alga *Haematococcus pluvialis* with different stress conditions. Biotechnology Letters, 18: 213-218.

Emiko M, Osamu H, Yuji N, et al. 2008. Astaxanthin protects mesangial cells from hyperglycemia induced oxidative signaling. Journal of Cellular Biochemistry, 103: 1925-1937.

Grimmig B, Kim S H, Nash K, et al. 2017. Neuroprotective mechanisms of astaxanthin: a potential therapeutic role in preserving cognitive function in age and neurodegeneration. Geroscience, 39: 19-32.

Grünewald K, Eckert M, Hirschberg J, et al. 2000. Phytoene desaturase is localized exclusively in the chloroplast and up-regulated at the mRNA level during accumulation of secondary carotenoids in *Haematococcus pluvialis*(Volvocales, Chlorophyceae). Plant Physiology, 122: 1261-1268.

Grunewald K, Hirschberg J, Hagen C. 2001. Ketocarotenoid biosynthesis outside of plastids in the unicellular green alga *Haematococcus pluvialis*. Journal of Biological Chemistry, 276: 6023-6029.

Gudin C, Chaumont D. 1991. Cell fragility–the key problem of microalgae mass production in closed photobioreactors. Bioresource Technology, 38: 145-151.

Guerin M, Huntley M E, Olaizola M. 2003. Haematococcus astaxanthin: applications for human health and nutrition. TRENDS in Biotechnology, 21: 210-216.

Haines D D, Varga B, Bak I, et al. 2011. Summative interaction between astaxanthin, *Ginkgo biloba* extract(EGb761)and vitamin C in suppression of respiratory inflammation: a comparison with ibuprofen. Phytotherapy Research, 25: 128-136.

Handayani A D, Sutrisno, Indraswati N, et al. 2008. Extraction of astaxanthin from giant tiger (*Panaeus monodon*)shrimp waste using palm oil: studies of extraction kinetics and thermodynamic. Bioresource Technology, 99: 4414-4419.

Harker M, Tsavalos A J, Young A J. 1996. Autotrophic growth and carotenoid production of *Haematococcus pluvialis* in a 30 liter air-lift photobioreactor. Journal of Fermentation and Bioengineering, 82: 113-118.

Hata N, Ogbonna J C, Hasegawa Y, et al. 2001. Production of astaxanthin by *Haematococcus pluvialis* in a sequential heterotrophic-photoautotrophic culture. Journal of Applied Phycology, 13: 395-402.

Haung H Y, Wang Y C, Cheng Y C, et al. 2020. A novel oral astaxanthin nanoemulsion from *Haematococcus pluvialis* induces apoptosis in lung metastatic melanoma. Oxidative Medicine and Cellular Longevity. https://doi.org/10.1155/2020/2647670.

Hundle B, Alberti M, Nievelstein V, et al. 1994. Functional assignment of *Erwinia herbicola* Eho10 carotenoid genes expressed in *Escherichia coli*. Molecular & General Genetics Mgg, 245: 406-416.

Hussein G, Nakamura M, Zhao Q, et al. 2005. Antihypertensive and neuroprotective effects of astaxanthin in experimental animals. Biological and Pharmaceutical Bulletin, 28: 47-52.

Irshad M, Hong M E, Myint A A, et al. 2019. Safe and complete extraction of astaxanthin from *Haematococcus pluvialis* by efficient mechanical disruption of cyst cell wall. International Journal of Food Engineering, 15(10): 20190128.

Iwabayashi M, Fujioka N, Nomoto K, et al. 2009. Efficacy and safety of eight-week treatment with astaxanthin in individuals screened for increased oxidative stress burden. Anti-aging Medicine, 6: 15-21.

Jyonouchi H, Sun S, Iijima K, et al. 2000. Antitumor activity of astaxanthin and its mode of action. Nutrition and Cancer, 36: 59-65.

Kaewpintong K, Shotipruk A, Powtongsook S, et al. 2007. Photoautotrophic high-density cultivation of vegetative cells of *Haematococcus pluvialis* in airlift bioreactor. Bioresource Technology, 98: 288-295.

Kamath B S, Srikanta B M, Dharmesh S M, et al. 2008. Ulcer preventive and antioxidative properties of astaxanthin from *Haematococcus pluvialis*. European Journal of Pharmacology, 590: 387-395.

Kang C D, Sim S J. 2008. Direct extraction of astaxanthin from *Haematococcus* culture using vegetable oils. Biotechnology Letters, 30: 441-444.

Katsuda T, Lababpour A, Shimahara K, et al. 2004. Astaxanthin production by *Haematococcus pluvialis* under illumination with LEDs. Enzyme and Microbial Technology, 35: 81-86.

Katsumata T, Ishibashi T, Kyle D. 2014. A sub-chronic toxicity evaluation of a natural astaxanthin-rich carotenoid extract of *Paracoccus carotinifaciens* in rats. Toxicology Reports, 1: 582-588.

Kim D Y, Vijayan D, Praveenkumar R, et al. 2016. Cell-wall disruption and lipid/astaxanthin extraction from microalgae: *Chlorella* and *Haematococcus*. Bioresource Technology, 199: 300-310.

Kim Y J, Kim Y A, Yokozawa T. 2009. Protection against oxidative stress, inflammation, and apoptosis of high-glucose-exposed proximal tubular epithelial cells by astaxanthin. Journal of Agricultural & Food Chemistry, 57: 8793-8797.

Kittikaiwan P, Powthongsook S, Pavasant P, et al. 2007. Encapsulation of *Haematococcus pluvialis* using chitosan for astaxanthin stability enhancement. Carbohydrate Polymers, 70: 378-385.

Kobayashi M, Kakizono T, Nagai S. 1991. Astaxanthin production by a green alga, *Haematococcus pluvialis* accompanied with morphological changes in acetate media. Journal of Fermentation and Bioengineering, 71: 335-339.

Kobayashi M, Kakizono T, Nagai S. 1993. Enhanced carotenoid biosynthesis by oxidative stress in acetate-induced cyst cells of a green unicellular alga, *Haematococcus pluvialis*. Applied and Environmental Microbiology, 59: 867-873.

Kobayashi M, Kakizono T, Nishio N, et al. 1992. Effects of light intensity, light quality, and illumination cycle on astaxanthin formation in a green alga, *Haematococcus pluvialis*. Journal of Fermentation and Bioengineering, 74: 61-63.

Kobayashi M, Kakizono T, Nishio N, et al. 1997. Antioxidant role of astaxanthin in the green alga *Haematococcus pluvialis*. Applied Microbiology and Biotechnology, 48: 351-356.

Kobayashi M, Sakamoto Y. 1999. Singlet oxygen quenching ability of astaxanthin esters from the green alga *Haematococcus pluvialis*. Biotechnology Letters, 21: 265-269.

Kurashige M, Okimasu E, Inoue M, et al. 1990. Inhibition of oxidative injury of biological membranes by astaxanthin. Physiological Chemistry and Physics and Medical NMR, 22: 27-38.

Li K, Cheng J, Qiu Y, et al. 2020. CO_2 supply strategy effect on lipids and astaxanthin accumulation of *Haematococcus pluvialis* in industrial modules and potential poly-generation of biodiesel. Journal of Biobased Materials and Bioenergy, 14(1): 83-90.

Liang C W, Zhao F Q, Qin S, et al. 2006. Molecular cloning and characterization of phytoene synthase gene from a unicellular green alga *Haematococcus pluvialis*. Progress in Biochemistry & Biophysics, 33: 854-860.

Lichtenthaler H K. 1999. The 1-deoxy-D-xylulose-5-phosphate pathway of isoprenoid biosynthesis in plants. Annual Review of Plant Physiology & Plant Molecular Biology, 50: 47-65.

Lim G B, Lee S Y, Lee E K, et al. 2002. Separation of astaxanthin from red yeast *Phaffia rhodozyma* by supercritical carbon dioxide extraction. Biochemical Engineering Journal, 11: 181-187.

Lin W N, Kapupara K, Wen Y T, et al. 2020. *Haematococcus pluvialis*-derived astaxanthin is a potential neuroprotective agent against optic nerve ischemia. Marine Drugs, 18(2): 85.

Lyons N M, O'Brien N M. 2002. Modulatory effects of an algal extract containing astaxanthin on UVA-irradiated cells in culture. Journal of Dermatological Science, 30: 73-84.

Ma H, Chen S, Xiong H, et al. 2020. Astaxanthin from *Haematococcus pluvialis* ameliorates the chemotherapeutic drug (doxorubicin) induced liver injury through the Keap1/Nrf2/HO-1 pathway in mice. Food & Function, (5): 11.

Mayer H. 1994. Reflections on carotenoid synthesis. Pure and Applied Chemistry, 66: 931-938.

McNulty H P, Byun J, Lockwood S F, et al. 2007. Differential effects of carotenoids on lipid peroxidation due to membrane interactions: X-ray diffraction analysis. Biochimica et Biophysica Acta, 1768: 167-174.

Misawa N, Nakagawa M, Kobayashi K, et al. 1990. Elucidation of the *Erwinia uredovora* carotenoid biosynthetic pathway by functional analysis of gene products expressed in *Escherichia coli*. Journal of Bacteriology, 172: 6704-6712.

Monroy-Ruiz J, Sevilla M A, Carron R, et al. 2011. Astaxanthin-enriched-diet reduces blood pressure and improves cardiovascular parameters in spontaneously hypertensive rats. Pharmacological

Research, 63: 44-50.

Nakao R, Nelson O L, Park J S, et al. 2010. Effect of astaxanthin supplementation on inflammation and cardiac function in BALB/c mice. Anticancer Research, 30: 2721-2725.

Ni H, Chen Q H, He G Q, et al. 2008. Optimization of acidic extraction of astaxanthin from *Phaffia rhodozyma*. Journal of Zhejiang University-Science B(Biomedicine & Biotechnology), 9: 51-59.

Nishida Y, Yamashita E, Miki W. 2007. Comparison of astaxanthin's singlet oxygen quenching activity with common fat and water soluble antioxidants. Results presented at the 21st Annual Meeting on Carotenoid Research held at Osaka, Japan on September.

Odeberg J M, Lignell Å, Pettersson A, et al. 2003. Oral bioavailability of the antioxidant astaxanthin in humans is enhanced by incorporation of lipid based formulations. European Journal of Pharmaceutical Sciences, 19: 299-304.

Ohgami K, Shiratori K, Kotake S, et al. 2003. Effects of astaxanthin on lipopolysaccharide-induced inflammation *in vitro* and *in vivo*. Investigative Ophthalmology & Visual Science, 44: 2694-2701.

Okai Y, Higashi-Okai K. 1996. Possible immunomodulating activities of carotenoids in *in vitro* cell culture experiments. International Journal of Immunopharmacology, 18: 753-758.

Olaizola M. 2000. Commercial production of astaxanthin from *Haematococcus pluvialis* using 25,000-liter outdoor photobioreactors. Journal of Applied Phycology, 12: 499-506.

Ortega A R D, Roux J C. 1986. Production of *Chlorella* biomass in different types of flat bioreactors in temperate zones. Biomass, 10: 141-156.

Østerlie M, Bjerkeng B, Liaaen-Jensen S. 2000. Plasma appearance and distribution of astaxanthin *E/Z* and *R/S* isomers in plasma lipoproteins of men after single dose administration of astaxanthin. The Journal of Nutritional Biochemistry, 11: 482-490.

Palozza P, Torelli C, Boninsegna A, et al. 2009. Growth-inhibitory effects of the astaxanthin-rich alga *Haematococcus pluvialis* in human colon cancer cells. Cancer Letters, 283: 108-117.

Panis G, Carreon J R. 2016. Commercial astaxanthin production derived by green alga *Haematococcus pluvialis*: a microalgae process model and a techno-economic assessment all through production line. Algal Research, 18: 175-190.

Park J S, Chyun J H, Kim Y K, et al. 2010. Astaxanthin decreased oxidative stress and inflammation and enhanced immune response in humans. Nutrition & Metabolism, 7: 18.

Park J Y, Lee K, Choi S A, et al. 2015. Sonication-assisted homogenization system for improved lipid extraction from *Chlorella vulgaris*. Renewable Energy, 79: 3-8.

Pereira S, Otero A. 2020. *Haematococcus pluvialis* bioprocess optimization: effect of light quality, temperature and irradiance on growth, pigment content and photosynthetic response. Algal Research, 51: 102027.

Piasecka A, Krzemińska I, Tys J. 2014. Physical methods of microalgal biomass pretreatment. International Agrophysics, 28: 341-348.

Praveenkumar R, Lee K, Lee J. 2015. Breaking dormancy: an energy efficient means of recovering astaxanthin from microalgae. Green Chemistry, 17: 1226-1234.

Raposo M F J, Morais A M, Morais R M. 2012. Effects of spray-drying and storage on astaxanthin content of *Haematococcus pluvialis* biomass. World Journal of Microbiology and Biotechnology, 28: 1253-1257.

Rohmer M, Knani M, Simonin P, et al. 1993. Isoprenoid biosynthesis in bacteria: a novel pathway for the early steps leading to isopentenyl diphosphate. Biochemical Journal, 295: 517-524.

RuÈttimann A. 1999. Dienolether condensations-a powerful tool in carotenoid synthesis. Pure and Applied Chemistry, 71: 2285-2293.

Safi C, Ursu A V, Laroche C, et al. 2014. Aqueous extraction of proteins from microalgae: effect of different cell disruption methods. Algal Research, 3: 61-65.

Sarada R, Tripathi U, Ravishankar G. 2002. Influence of stress on astaxanthin production in *Haematococcus pluvialis* grown under different culture conditions. Process Biochemistry, 37: 623-627.

Schroeder W A, Johnson E A. 1995. Carotenoids protect *Phaffia rhodozyma* against singlet oxygen damage. Journal of Industrial Microbiology, 14: 502-507.

Schwender J, Seemann M, Lichtenthaler H K, et al. 1996. Biosynthesis of isoprenoids (carotenoids, sterols, prenyl side-chains of chlorophylls and plastoquinone) via a novel pyruvate/glyceraldehyde 3-phosphate non-mevalonate pathway in the green alga *Scenedesmus obliquus*. Biochemical Journal, 316: 73-80.

Seon-Jin L, Se-Kyung B, Kwang-Soon L, et al. 2003. Astaxanthin inhibits nitric oxide production and inflammatory gene expression by suppressing I(κ)B kinase-dependent NF-κB activation. Molecules & Cells, 16: 97-105.

Shen Q, Quek S Y. 2014. Microencapsulation of astaxanthin with blends of milk protein and fiber by spray drying. Journal of Food Engineering, 123: 165-171.

Sontaya K, Artiwan S, Motonobu G, et al. 2008. Supercritical carbon dioxide extraction of astaxanthin from *Haematococcus pluvialis* with vegetable oils as co-solvent. Bioresource Technology, 99: 5556-5560.

Spiller G A, Dewell A. 2003. Safety of an astaxanthin-rich *Haematococcus pluvialis* algal extract: a randomized clinical trial. Journal of Medicinal Food, 6: 51-56.

Steinbrenner J, Linden H. 2003. Light induction of carotenoid biosynthesis genes in the green alga *Haematococcus pluvialis*: regulation by photosynthetic redox control. Plant Molecular Biology, 52: 343-356.

Stewart J S, Lignell Å, Pettersson A, et al. 2008. Safety assessment of astaxanthin-rich microalgae biomass: a cute and subchronic toxicity studies in rats. Food and Chemical Toxicology, 46: 3030-3036.

Suh I S, Joo H N, Lee C G. 2006. A novel double-layered photobioreactor for simultaneous *Haematococcus pluvialis* cell growth and astaxanthin accumulation. Journal of Biotechnology, 125: 540-546.

Sun Z, Cunningham F X, Gantt E. 1998. Differential expression of two isopentenyl pyrophosphate isomerases and enhanced carotenoid accumulation in a unicellular chlorophyte. Proceedings of the National of Sciences of the United States of American, 95: 11482-11488.

Suzuki Y, Ohgami K, Shiratori K, et al. 2006. Suppressive effects of astaxanthin against rat endotoxin-induced uveitis by inhibiting the NF-κB signaling pathway. Experimental Eye Research, 82: 275-281.

Takahashi N, Kajita M. 2005. Effects of astaxanthin on accommodative recovery. Journal of Clinical Therapeutics and Medicines, 21: 431-436.

Takashi M, Harukuni T, Nobutaka S, et al. 2012. Anti-oxidative, anti-tumor-promoting, and anti-carcinogensis activities of nitroastaxanthin and nitrolutein, the reaction products of astaxanthin and lutein with peroxynitrite. Marine Drugs, 10: 1391-1399.

Tjahjono A E, Hayama Y, Kakizono T, et al. 1994. Hyper-accumulation of astaxanthin in a green alga *Haematococcus pluvialis* at elevated temperatures. Biotechnology Letters, 16: 133-138.

Tripathi U, Sarada R, Rao S R, et al. 1999. Production of astaxanthin in *Haematococcus pluvialis* cultured in various media. Bioresource Technology, 68: 197-199.

Uchiyama K, Naito Y, Hasegawa G, et al. 2002. Astaxanthin protects β-cells against glucose toxicity in diabetic db/db mice. Redox Reports, 7: 290-293.

Wei D, Peng Z, Jun P, et al. 2018. Melatonin enhances astaxanthin accumulation in the green microalga *Haematococcus pluvialis* by mechanisms possibly related to abiotic stress tolerance. Algal Research, 33: 256-265.

Yuan C, Du L, Jin Z, et al. 2013. Storage stability and antioxidant activity of complex of astaxanthin with hydroxypropyl-*β*-cyclodextrin. Carbohydrate Polymers, 91: 385-389.

Yuan J P, Chen F. 1998. Chromatographic separation and purification of trans-astaxanthin from the extracts of *Haematococcus pluvialis*. Journal of Agricultural and Food Chemistry, 46: 3371-3375.

Yuan J P, Chen F. 2000. Purification of trans-astaxanthin from a high-yielding astaxanthin ester-producing strain of the microalga *Haematococcus pluvialis*. Food Chemistry, 68: 443-448.

Zhang B Y, Geng Y H, Li Z K, et al. 2009. Production of astaxanthin from *Haematococcus* in open pond by two-stage growth one-step process. Aquaculture, 295: 275-281.

Zhekisheva M, Boussiba S, Khozin-Goldberg I, et al. 2002. Accumulation of oleic acid in *Haematococcus pluvialis* (Chlorophyceae) under nitrogen starvation or high light is correlated with that of astaxanthin esters. Journal of Phycology, 38: 325-331.